Md. Simul Bhuyan
Md. Rashed Un-Nabi
Md. Shafiqul Islam

Perfil de metais pesados no rio

Md. Simul Bhuyan
Md. Rashed Un-Nabi
Md. Shafiqul Islam

Perfil de metais pesados no rio

ScienciaScripts

Imprint

Cover image: www.ingimage.com

This book is a translation from the original published under ISBN 978-620-2-08167-2.

Publisher:
Sciencia Scripts
is a trademark of
Dodo Books Indian Ocean Ltd. and OmniScriptum S.R.L publishing group

120 High Road, East Finchley, London, N2 9ED, United Kingdom
Str. Armeneasca 28/1, office 1, Chisinau MD-2012, Republic of Moldova, Europe
Printed at: see last page
ISBN: 978-620-8-13278-1

ÍNDICE DE CONTEÚDOS

Resumo

O presente estudo foi realizado com o objetivo de determinar os metais pesados (Cd, Pb, Zn, Al, Cu, Ni, Fe, Mn, Cr, Co) na água, nos sedimentos e nos músculos de 32 espécies de peixes durante 3 estações no rio Meghna, no rio Halda e no rio Old Brahmaputra. Os metais pesados foram analisados por Espectrofotómetro de Absorção Atómica (AAS). No rio Meghna, as concentrações estimadas de todos os metais nos peixes foram inferiores aos limites permitidos pela FAO, OMS, UE, Administração de Alimentos e Medicamentos dos Estados Unidos (USFDA), Agência de Proteção do Ambiente dos Estados Unidos (US/EPA) e Diretrizes de Inglaterra, exceto as concentrações de Pb e Zn que foram encontradas acima dos intervalos permitidos em diferentes peixes, nomeadamente *Amblypharyngnodon mola, Colisa lalia, Tetraodon cutcutia, Barbodes sarana, Labeo calbasu, Puntius sarena, Ompok pabda, Aila coila, Mastacembelus armatus, Glossogobius giuris, Nandus nandu, Tenualosa ilisha, Lepidocephalichthys guntea, Xenentodon cancila, Stinging catfish.* Na água e no sedimento, os resultados indicaram que todos os metais na água se encontravam abaixo do limite de segurança da norma de água potável da OMS (1993) e da UE (1998), com exceção do Fe, Ni e Al. No sedimento, todos os metais vestigiais foram registados abaixo do limite em comparação com outros resultados científicos.

No rio Halda, os resultados obtidos no presente estudo expuseram que as concentrações de Pb, Cd, Cr, Cu, Hg, Al, Ni, Co, Zn, Mn na água se encontravam acima do limite permitido estabelecido pela OMS (2004), USEPA (2006), EPA (2002), EPA (1986) e ECR (1997), com exceção do Cu e do Co. Nos sedimentos, a concentração de Pb, Cu, Al, Ni, Co, Zn, Mn excedeu o limite permitido estabelecido pela OMS (2008), USEPA (1999) e FAO (1985), embora a concentração de Cd, Cr, Hg tenha sido encontrada abaixo do limite permitido.

No rio Brahmaputra Antigo, os resultados obtidos no presente estudo expuseram que as concentrações de Pb, Cd, Al, Ni e Mn na água se encontravam acima do limite permitido estabelecido pela OMS (2004), USEPA (2006), EPA (2002), EPA (1986) e ECR (1997), com exceção do Cr, Cu, Hg, Co e Zn. No sedimento, a concentração de Pb, Cu, Al, Co, Zn e Mn excedeu o limite permitido estabelecido pela OMS (2008), USEPA (1999) e FAO (1985), embora a concentração de Cd, Cr, Hg e Ni tenha sido encontrada abaixo do limite permitido. Análises estatísticas multivariadas, como a análise de componentes principais e a matriz de correlação, revelaram intrusões antropogénicas significativas de Zn, Al, Cd, Pb, Cu, Ni, Fe, Mn, Cr, Co em peixes, água e sedimentos. Foram encontradas relações lineares muito fortes, fortes e moderadas entre metais que dirigem a sua origem comum exclusivamente para efluentes industriais, resíduos municipais e insumos agrícolas. Devem ser tomadas as medidas necessárias para proteger os rios da poluição e também para reduzir o risco ambiental.

1. INTRODUÇÃO

A poluição por metais pesados é uma grande preocupação devido à sua longa persistência, bioacumulação e biomagnificação na cadeia alimentar (Rahman et al. 2013; Sharma et al. 2007; Sankar et al. 2006; Papagiannis et al. 2004; Zhou et al. 2004; Sun et al. 2001; Zhou, 1995) acaba por apresentar toxicidade tanto em humanos como em animais aquáticos (Islam et al. 2015a; Ahmed et al. 2015a, b; Fang et al. 2014; Alhashemi et al. 2012; Pan e Wang, 2012; Yi et al. 2011; Vieira et al. 2011; Forti et al. 2011; Banerjee et al. 2011; Tuzen, 2009; Sanchez-Chardi et al. 2007; McCluggage, 1991; WHO, 1995). A poluição do ambiente ribeirinho por metais pesados é um problema mundial durante a última década (Ozmen et al. 2004; Begum et al. 2005; Fernandes et al. 2008; Ozturk et al. 2008; Pote et al. 2008; Praveena et al. 2008; Islam et al. 2014; Ali et al. 2016) devido à natureza persistente e à toxicidade (Islam et al. 2015a; Ahmed et al. 2015a, b). A abundância de metais em excesso de carga natural tornou-se uma grande preocupação não só para os ambientalistas, mas também para os profissionais de saúde (Sabo et al. 2013). A poluição da água do rio por metais pesados tornou-se o principal problema de qualidade em cidades em rápido desenvolvimento, uma vez que a manutenção da qualidade da água e a estrutura de higiene não se desenvolvem juntamente com o crescimento da população e da urbanização (Akoto et al. 2008; Ahmad et al. 2010).

Enormes quantidades de metais pesados tóxicos são descarregadas por actividades antropogénicas (Gao et al. 2009; Nduka e Orisakwe, 2011; Kassim et al. 2011), bem como por acções naturais que contribuem para a contaminação por metais no ambiente aquático (Tarra-Wahlberg et al. 2001; Akif et al. 2002; Jordao et al. 2002; Wilson e Pyatt, 2007; Khan et al. 2008; Sekabira et al. 2010; Zhang et al. 2011; Bai et al. 2011; Grigoratos et al. 2014; Martin et al. 2015).

A industrialização é um termo associado a actividades socioeconómicas (Richard, 2005; Jaillon e Poon, 2009, Thanoon et al. 2003) que alteram a infraestrutura da sociedade (Abdullah et al. 2009) através da enorme produção (Abdullah et al. 2009; Thanoon et al. 2003). A poluição por metais está a aumentar nos ecossistemas aquáticos devido aos efeitos da urbanização não planeada e da industrialização aleatória (Sekabira et al. 2010; Zhang et al. 2011; Bai et al. 2011; Grigoratos et al. 2014; Martin et al. 2015). Efluentes não tratados são descarregados de diferentes indústrias, resíduos domésticos e agroquímicos nos corpos de água abertos e nos rios, deteriorando a qualidade da água (Khadse et al. 2008; Venugopal et al. 2009; Islam et al. 2015a, c).

A meteorização geológica, os resíduos urbanos, industriais e agrícolas, a eliminação de metais e componentes metálicos, a lixiviação de metais do lixo, as escombreiras de resíduos sólidos, os excrementos animais e humanos são as principais fontes de metais pesados (Forstner, 1983; Shanbehzadeh et al. 2014). Estas actividades podem gerar metais pesados nos sedimentos e na água que poluem o ambiente aquático (Sanchez-Chardi et al. 2007).

Os metais pesados nos ecossistemas aquáticos são medidos através da monitorização das concentrações na água, nos sedimentos e no biota (Camusso et al. 1995), mas foi encontrada uma quantidade considerável nos peixes (Rashed, 2001) e nos sedimentos (Namminga e Wilhm, 1976). As concentrações de metais pesados são extremamente mais elevadas nos sedimentos do que na coluna de água (Sultan e Shazili, 2009) devido à tendência dos metais para se acumularem nos depósitos do fundo (Namminga e Wilhm, 1976; Nobi et al. 2010; He et al. 2009; Rezayi et al. 2011). Este padrão crescente de metais pesados tem efeitos adversos para a saúde de invertebrados, peixes e seres humanos (Yi et al. 2011; Islam et al. 2014; Martin et al. 2015; Islam et al. 2015b, d; Ahmed et al. 2015c). Metais como Cd, Pb podem bioacumular e biomagnificar em frutos do mar (mexilhões, ostras, camarões, peixes) e podem ser transferidos para os seres humanos através das vias da cadeia alimentar (Camusso et al. 1995; Zhou, 1995; Sun et al. 2001; Papagiannis et al. 2004; Zhou et al. 2004; Sankar et al. 2006; Pekey, 2006; Sharma et al. 2007; He et al. 2009; Nobi et al. 2010; Yi et al. 2011; Vieira et al. 2011; Forti et al. 2011; Banerjee et al. 2011; Alhashemi et al. 2012; Pan e Wang, 2012; Rahman et al. 2013; Fang et al. 2014; Islam et al, 2015a; Ahmed et al., 2015a, b). Tem efeitos negativos para a saúde dos seres humanos, peixes e invertebrados (Yi et al. 2011; Islam et al. 2014; Martin et al. 2015; Islam et al. 2015b, d; Ahmed et al. 2015c). No entanto, o nível dos riscos é muito difícil de medir com precisão, devido à dificuldade das interações biológicas e químicas, que são extremamente responsáveis pela alteração da biodisponibilidade dos metais (Ideriah et al. 2012).

Os países menos desenvolvidos, como o Bangladesh, estão a enfrentar sérias dificuldades com a contaminação por metais pesados (Ali et al. 2016; Kibria et al. 2016a, b; Islam et al. 2015c) de diferentes indústrias, resíduos domésticos e agroquímicos que deterioram a superioridade da água (Khadse et al. 2008; Venugopal et al. 2009; Islam et al. 2015a, c). Durante a última década, foram efectuados vários estudos em rios, estuários, águas marinhas e lagos, dando especial preferência ao ambiente aquático (Ozmen et al. 2004; Begum et al. 2005; Fernandes et al. 2008; Ozturk et al. 2008; Pote et al. 2008; Praveena et al. 2008). No entanto, não foi registada qualquer investigação sólida no rio Meghna, no rio Halda e no antigo rio Brahmaputra, no Bangladesh, áreas industrialmente desenvolvidas que estão altamente contaminadas com resíduos industriais e esgotos domésticos que contribuem com uma quantidade gigantesca de Hg, Zn, Al, Cd, Pb, Cu, Ni, Fe, Mn, Cr e Co (Bhuyan et al. 2016).

O presente estudo foi concebido para avaliar a variação temporal dos metais (Hg, Al, Cd, Co, Cr, Cu, Fe, Mn, Ni, Pb, Zn) nas águas superficiais, nos sedimentos e nos peixes do rio Meghna, do rio Halda e do antigo rio Brahmaputra, no Bangladesh, durante as estações das chuvas, do inverno e da pré-monção, gerando algumas informações de base sobre a poluição por metais nas áreas propostas.

2. METAIS PESADOS

Metal pesado refere-se a qualquer componente químico metálico que tenha uma densidade relativamente elevada e que seja muito venenoso em baixas concentrações (http://www.lenntech.com/processes/heavy/heaw-metals/heaw metals.htm#ixzz4ZhmZ4JfC). São elementos de ocorrência natural que têm um peso atómico elevado e uma densidade pelo menos 5 vezes superior à da água (Tchounwou et al. 2014). O cádmio (Cd), o crómio (Cr), o cobalto (Co), o cobre (Cu), o chumbo (Pb), o ferro (Fe), o manganês (Mn), o mercúrio (Hg), o níquel (Ni), o urânio (U) e o zinco (Zn) são exemplos de elementos metálicos pesados com um peso atómico superior a 20 e caracterizados por configurações electrónicas atómicas semelhantes nas orbitais exteriores (Kibria et al. 2010). São produtos químicos prejudiciais (ou seja, persistentes, tóxicos, bioacumulativos), mas alguns deles são desreguladores endócrinos e carcinogénicos (Kibria et al. 2016a; Kibria et al. 2016b).

Fontes de metais pesados

Fontes naturais

Os minerais geológicos, as poeiras de silicato sopradas pelo vento, a meteorização e as erupções vulcânicas, a pulverização marítima e a combustão têm contribuído significativamente para a poluição por metais pesados (Fergusson, 1990; Bradl, 2002; He et al. 2005; Shallari ct al. 1998; Nriagu, 1989; Kibria et al. 2010).

Fontes antropogénicas

Actividades antropogénicas como operações de mineração e fundição, indústria e descargas de esgotos, produção industrial (processamento de metais em refinarias, queima de carvão em centrais eléctricas, combustão de petróleo, centrais nucleares e linhas de alta tensão, plásticos, têxteis, microeletrónica, preservação de madeira e fábricas de processamento de papel) (Arruti et al. 2010; Strater et al. 2010; Pacyna, 1996), resíduos electrónicos (computadores, impressoras, fotocopiadoras, televisores, telemóveis e brinquedos) e agricultura (He et al. 2005; Goyer, 2001; Herawati et al. 2007; Shallari et al. 1998; Kibria et al. 2010). Além disso, os rejeitos de minas, a eliminação de resíduos com elevado teor de metais, a gasolina com chumbo e as tintas, a aplicação no solo de fertilizantes, estrume animal, lamas de depuração, pesticidas, irrigação de águas residuais, resíduos da combustão de carvão e derrames de produtos petroquímicos são também responsáveis pela contaminação por metais (Khan et al. 2008; Zhang et al. 2010). A poluição ambiental também pode ocorrer através da corrosão de metais, da deposição atmosférica, da erosão do solo de iões metálicos e da lixiviação de metais pesados, da ressuspensão de sedimentos e da evaporação de metais dos recursos hídricos para o solo e as águas subterrâneas (Nriagu, 1989).

Biodisponibilidade de metais

A capacidade de um metal se ligar ou atravessar a membrana celular ou a membrana plasmática depende geralmente da forma físico-química ou da especiação de um metal (Kibria, 2016). A maioria dos metais é insolúvel em água, solúvel em gorduras e resistente à degradação biológica e química, resultando na sua acumulação nos tecidos dos organismos e na sua ampliação biológica na cadeia alimentar e nas teias alimentares (Kibria, 2016). Além disso, com o aumento da dureza, a biodisponibilidade do metal na água doce diminui. Uma redução gradual do pH pode aumentar a biodisponibilidade dos metais nos organismos de água doce, resultando na dessorção de metais da matéria coloidal e particulada e na separação de alguns complexos metálicos inorgânicos e orgânicos (Bubb e Lester, 1991; Markich et al. 2001). As algas, os invertebrados (ostras, mexilhões) e os peixes podem acumular metais vestigiais para níveis tróficos superiores no ambiente aquático (Kibria, 2016). Por conseguinte, os seres humanos e outros organismos no topo da cadeia alimentar podem correr o risco de consumir marisco contaminado com metais vestigiais. Os exemplos proeminentes de acumulação de metais são o metilmercúrio nos peixes e o cádmio, o cobre, o chumbo, o zinco e o mercúrio nas ostras e nos mexilhões (Kibria, 2016).

Método de bioabsorção de metais

De acordo com Worms et al. (2006), a absorção biológica de metais inclui as seguintes etapas:

- Difusão: Em primeiro lugar, os metais pesados e os seus complexos devem difundir-se para a superfície do organismo a partir do meio externo;
- Complexação: Os metais podem dissociar-se e reassociar-se (complexação/dissociação) durante a difusão para a superfície biológica e
- Internalização: Os metais devem reagir com um local sensível na membrana biológica, seguido de transporte biótico.

Bioacumulação de metais

A via dominante de acumulação parece ser a via alimentar. A bioacumulação de metais em organismos aquáticos pode ocorrer por (Kibria, 2016):

- respiração (brânquias e superfície da pele)
- adsorção na superfície do corpo e
- ingestão de alimentos (sólidos e matérias dissolvidas)

Poluição por metais pesados

A poluição por metais pesados no ecossistema aquático tornou-se uma preocupação mundial nas últimas décadas. As actividades naturais (meteorização geológica e deposição atmosférica) e antropogénicas (águas residuais industriais ou domésticas, pesticidas e fertilizantes inorgânicos, escoamento de tempestades, lixiviação de aterros sanitários, actividades portuárias e de navegação, etc.) contribuem com uma enorme quantidade de metais pesados nos sistemas aquáticos (Yilmaz, 2009).

Destino dos metais pesados

No ambiente aquático natural, os metais pesados ocorrem em concentrações muito baixas. Devido à sua longa persistência, não são elementos biologicamente degradados. Consequentemente, são depositados, assimilados ou incorporados na água, nos sedimentos e nos animais aquáticos, causando poluição por metais nas massas de água (Abdel-Baki et al.

2011). A bioconcentração e a bioacumulação através do processo da cadeia alimentar são largamente responsáveis pela deposição de metais e, finalmente, pela toxicidade na massa de água (Huang, 2003).

Avaliação dos riscos dos metais pesados em seres humanos

Os metais pesados não são digeridos ou destruídos pelos seres humanos (Castro-Gonzeza e Mqndez-Armentab, 2008). Em consequência, tendem a acumular-se nos tecidos moles e duros do corpo, como o fígado, os músculos e os ossos, ameaçando a saúde dos seres humanos.

Efeitos dos metais pesados nos organismos aquáticos e nos seres humanos

Cádmio (Cd)

O cádmio é um metal pesado amplamente distribuído na crosta terrestre, com uma concentração média de cerca de 0,1 mg/kg. O nível mais elevado de cádmio no ambiente é acumulado nas rochas sedimentares (Gesamp, 1987). O emprego em indústrias metalúrgicas, a ingestão de alimentos contaminados, o consumo de cigarros e o trabalho em locais de trabalho contaminados com cádmio expõem o ser humano à contaminação por cádmio (IARC, 1993; Paschal et al. 2000). Em caso de ingestão grave, as dores abdominais, a sensação de queimadura, as náuseas, os vómitos, a salivação, as cãibras musculares, as vertigens, o choque, a perda de consciência e as convulsões surgem geralmente no espaço de 15 a 30 minutos (Baselt e Cravey, 1995). O Cd reduz a duração da gravidez e o peso do recém-nascido e provoca perturbações do sistema endócrino ou imunitário nas crianças quando as mulheres grávidas são intoxicadas com Cd (Schoeters et al. 2006). Também provoca erosão do trato gastrointestinal, lesões pulmonares, hepáticas ou renais e coma, dependendo da via de envenenamento (Baselt e Cravey, 1995; Baselt, 2000). A exposição prolongada tem um efeito negativo nos níveis de norepinefrina, serotonina e acetilcolina (Singhal et al. 1976), nos adenocarcinomas pulmonares (Waalkes e Berthan, 1995; Waalkes et al. 1996) e nos proliferativos da próstata (Waalkes e Rehm, 1992). O cádmio também diminui a atividade da sintetase do ácido delta-aminolevulínico, da arilsulfatase, da álcool desidrogenase e da lipoamida desidrogenase, ao passo que aumenta a atividade da desidratase do ácido delta-aminolevulínico, da piruvato desidrogenase e da piruvato descarboxilase (Manahan, 2003). No vale do rio Jintsu, perto de Fuchu, no Japão, a ocorrência mais notável e revelada de envenenamento por cádmio resultou da ingestão de cádmio pela população através da dieta. As vítimas foram afectadas pela doença *itai itai*. A principal ameaça para a saúde humana é a acumulação crónica nos rins, que conduz à disfunção renal (Manahan, 2003).

Cobre (Cu)

O Cu exerce funções reguladoras fisiológicas, sendo parte integrante de várias enzimas que protegem as células contra a destruição por oxidação (Hogstrand e Haux, 2001). Provoca alterações bioquímicas e fisiológicas ao gerar radicais livres que tornam o Cu tóxico (McGeer et al. 2000; Shariff et al. 2001; Shah, 2002; Monteiro et al. 2005). O cobre é inegavelmente essencial, mas em quantidades elevadas pode causar anemia, danos no fígado e nos rins, e irritação do estômago e dos intestinos (Wuana e Okieimen, 2011). Níveis elevados de Cu podem resultar em cirrose hepática (doenças do fígado) e, em casos extremos, na morte de seres humanos (Kibria et al. 2010; Hossain et al. 2015). O excesso de Cu causa copperiedus, pela ingestão de alimentos ácidos cozinhados ou pela exposição ao excesso de Cu na água potável ou noutras fontes ambientais (Rajeswari e Sailaja, 2014). Concentrações elevadas de Cu aumentam a taxa de formação de radicais livres (Gwozdzinski, 1995), a teratogenicidade (Stouthart et al. 1996) e as anomalias cromossómicas (Bhunya e Pati, 1987; Fahmy, 2000). O Cu pode ser bio-acumulado em peixes e moluscos. O Cu é extremamente venenoso para os peixes, invertebrados e anfíbios. As brânquias e os rins podem ser danificados e o crescimento de organismos aquáticos, como os peixes, pode ser reduzido pelo Cu (Kibria et al. 2010; Hossain et al. 2015).

Níquel (Ni)

O Ni é cancerígeno para o ser humano. Uma pequena quantidade de Ni é essencial para o ser humano, mas uma concentração mais elevada pode constituir um perigo para a saúde e causar cancro do pulmão, do nariz, da laringe e da próstata, insuficiência respiratória, malformações congénitas e perturbações cardíacas, etc. (Kibria et al. 2010; Hossain et al. 2015). Níveis mais elevados de Ni afectam o sistema respiratório e são cancerígenos (Sivaperumal et al. 2007;

Ikema e Egieborb, 2005; ATSDR, 2005). Nos organismos de água doce, o Ni é moderadamente tóxico e o envenenamento pode causar danos nas guelras e mesmo a morte dos peixes. Além disso, os danos nos tecidos, a genotoxicidade e a redução do crescimento são alguns dos efeitos observados do Ni em organismos aquáticos, sendo os moluscos e os crustáceos mais sensíveis ao Ni do que outros organismos (Kibria et al. 2010; Hossain et al. 2015). A diminuição do crescimento observada em microrganismos devido à presença de Ni (Wuana e Okieimen, 2011).

Zinco (Zn)

O Zn é um elemento essencial para o corpo humano, mas uma quantidade excessiva na alimentação humana e animal pode causar cólicas estomacais, irritações da pele e distúrbios respiratórios (Kibria et al. 2010; Hossain et al. 2015). A quantidade excessiva de Zn pode causar vómitos, diarreia, urina com sangue, iterícia (membrana mucosa amarela), insuficiência hepática, insuficiência renal e anemia, disfunções do sistema, comprometimento do crescimento e da reprodução (Duruibe et al. 2007). O crescimento, a sobrevivência e a reprodução de organismos aquáticos (plantas e animais) podem ser gravemente afectados por níveis elevados de Zn. Nos peixes, pode causar danos nas guelras, reduzir o crescimento e danos nos rins (Kibria et al. 2010; Hossain et al. 2015). As plantas absorvem Zn que os seus sistemas não conseguem suportar, devido à acumulação de Zn nos solos. Consequentemente, a atividade nos solos interrompida pelo Zn influencia negativamente as actividades dos microrganismos e das minhocas, dificultando assim a decomposição da matéria orgânica (Greany, 2005).

Crómio (Cr)

Na crosta terrestre, o Cr é um elemento natural que se encontra em estados de oxidação que vão do crómio (II) ao crómio (VI) (Jacobs e Testa, 2005). É amplamente utilizado em numerosos processos industriais e na soldadura industrial, cromagem, corantes e pigmentos, curtimento de couro e preservação da madeira (Cohen et al. 1993). Além disso, é utilizado como anticorrosivo em sistemas de cozedura e caldeiras (Norseth, 1981; Wang et al. 2006).

A ingestão de doses elevadas de compostos de crómio (VI) por seres humanos tem causado graves problemas respiratórios, irritação do revestimento do nariz e úlceras nasais, tumores do estômago, efeitos cardiovasculares, gastrointestinais, hematológicos, hepáticos, renais e neurológicos (ATSDR, 2008). O crómio está relacionado com a dermatite alérgica nos seres humanos (Scragg, 2006). Em animais, a ingestão de compostos de crómio (VI) provocou irritações e úlceras no estômago e no intestino delgado, anemia, danos nos espermatozóides e no sistema reprodutor masculino.

Chumbo (Pb)

O Pb ocorre naturalmente no ambiente, mas as actividades antropogénicas, como a queima de combustíveis fósseis, a exploração mineira e a indústria transformadora, contribuem para a libertação de níveis elevados de Pb. A respiração de partículas de poeira ou aerossóis contaminados com chumbo e a ingestão de alimentos, água e tintas contaminados com chumbo são altamente responsáveis pela exposição humana ao Pb (ATSDR, 1999; ATSDR, 1992). A maior percentagem de chumbo é absorvida pelos rins, seguida do fígado e de outros tecidos moles, como o coração e o cérebro (Flora et al. 2006). A acumulação de Pb nos órgãos do corpo (ou seja, no cérebro) pode levar a envenenamento (plumbismo) ou mesmo à morte (Wuana e Okieimen, 2011). 35 a 50% do chumbo é absorvido pelos adultos através da água potável, ao passo que esta taxa de absorção pelas crianças pode ser superior a 50%. As crianças expostas à contaminação por chumbo são afectadas por um crescimento deficiente, um QI mais baixo, uma capacidade de atenção reduzida, hiperatividade e deterioração mental (NSC, 2009). As dores de cabeça, a falta de atenção, a irritabilidade, a perda de memória e o embotamento são os efeitos da exposição ao chumbo no sistema nervoso central, uma vez que o sistema nervoso é o alvo mais vulnerável do envenenamento por chumbo (CDCP, 2001; ATSDR, 1999). O trato gastrointestinal, os rins e o sistema nervoso central são também gravemente afectados pelo envenenamento por chumbo. Os adultos também sofrem de redução do tempo de reação, perda de memória, náuseas, insónia, anorexia e fraqueza das articulações devido à exposição ao chumbo (NSC, 2009).

Mercúrio (Hg)

O Hg é um metal pesado e é o elemento de transição da tabela periódica. Existe na natureza sob três formas (elementar, inorgânica e orgânica), tendo cada uma delas o seu próprio perfil de toxicidade (Clarkson et al. 2007). O Hg é um tóxico e poluente ambiental comum que provoca grandes variações nos tecidos do corpo e resulta numa vasta gama de efeitos adversos para a saúde (Sarkar, 2005). Em geral, os seres humanos estão expostos a todas as formas de contaminação por Hg através de acidentes, poluição ambiental, contaminação alimentar, cuidados dentários, práticas médicas preventivas, operações industriais e agrícolas e operações profissionais (Zahir et al. 2005; Sarkar, 2005). Como o Hg é abundante no ambiente, os seres humanos, as plantas e os animais não conseguem evitar a exposição ao mercúrio (Holmes et al. 2009). Basicamente, todas as formas de Hg são tóxicas e os seus efeitos incluem toxicidade gastrointestinal, neurotoxicidade e nefrotoxicidade (Tchounwou et al. 2003). De acordo com Rajeswari e Sailaja (2014), o Hg danifica o cérebro, os rins, os pulmões e o sistema nervoso central. Além disso, a irritação do nariz, da pele, do sistema respiratório e também as queimaduras cutâneas, a transpiração excessiva, a perda de audição e de coordenação muscular, a malformação congénita e as alterações do desenvolvimento em crianças pequenas e doenças como a Acrodyma, o Síndroma de Huter Russel e Minamata são o resultado do excesso de Hg (Rajeswari e Sailaja, 2014).

Manganês (Mn)

O Mn é um elemento essencial que se encontra naturalmente nas rochas, no solo, na água e nos alimentos (Cawte et al. 1987; Santamaria, 2008). A exposição prolongada a níveis elevados de Mn por via oral, parentérica ou através do ar ambiente pode ser tóxica e exercer efeitos neurológicos (rosto em forma de máscara, rigidez muscular e tremores, e perturbações mentais) (Santamaria, 2008; Williams et al. 2012; Rajeswari e Sailaja, 2014). O sistema nervoso central é afetado pela quantidade excessiva de Mn e também provoca cirrose hepática (Momtaz, 2002).

Síndroma neurológico, nomeadamente distúrbios do sono, labilidade emocional, fraqueza, fadiga e irritabilidade, encontrado na população da Austrália e da Grécia (Kilburn 1987; Kondakis et al. 1989). Goldsmith et al. (1990) exploraram a doença de Parkinson na região sul de Israel. Iwami et al. (1994) relataram uma elevada incidência de doença do neurónio motor devido a concentrações mais elevadas de Mn no arroz, na água potável e nos solos de Hohara, uma pequena cidade na península de Kii, no Japão. Em crianças, foram registados efeitos neurológicos adversos por (Bouchard et al. 2007, 2011; Claus Henn et al. 2010, 2011; Farias et al. 2010; He et al. 1994; Kim et al. 2009; Wasserman et al. 2006, 2011; Zhang et al. 1995). Níveis extremamente elevados de exposição ao Mn podem causar efeitos indesejáveis no desenvolvimento do cérebro, incluindo alterações no comportamento e reduções na capacidade de aprender e recordar e dificuldades na fala e na marcha (ATSDR, 2012).

A deficiência de Mn tem efeitos negativos na produção de ácido hialurónico, sulfato de condroitina, heparina e outras formas de mucopolissacarídeos que são essenciais para o crescimento e manutenção do tecido conjuntivo, cartilagem e osso (Zlotkin et al. 1995). Além disso, a deficiência de Mn altera o metabolismo dos hidratos de carbono, o metabolismo da glicose, o metabolismo anormal dos lípidos e a síntese e ação da insulina (Keen, 1994). A dermatite, o crescimento lento do cabelo e das unhas, a diminuição dos níveis séricos de colesterol, a diminuição dos níveis de proteínas de coagulação, a fenilcetonúria, a epilepsia, a doença de Mseleni, a síndrome de Down, a osteoporose, a doença de Perthest e a doença da urina do xarope de ácer são as doenças causadas pela deficiência de Mn no ser humano (ASTDR, 2000; Finley et al. 2003; Friedman et al. 1987; Keen, 1994).

Alumínio (Al)

A utilização prolongada de antiácidos contendo Al e aspirina tamponada, os alimentos e a água potável são a principal fonte de ingestão de Al. Doses excessivas causam disfunção renal, doença óssea, eczema, encefalopatia dialítica, pieira, dispneia, anemia ou alterações neurocomportamentais, efeitos adversos no trato respiratório e asma. Uma quantidade excessiva prejudica a função pulmonar, desenvolve cancro do pulmão ou cancro da bexiga e fibrose pulmonar. A perda de coordenação, a perda de memória, os problemas de equilíbrio e o risco de demência por défice cognitivo também resultam do excesso de Al (Krewski et al. 2007).

Nos peixes, o efeito negativo do Al foi relatado por Lydersen et al. 1990; Gensemer e Playle,

1999; McCartney et al. 2003; Monette e McCormick 2008. O Al danifica as brânquias (Galar-Martinez et al. 2010; Garcia-Medina et al. 2010), as mitocôndrias, o ADN dependente do tempo e perturba o transporte de electrões (Stohs e Bagchi, 1995; Bondy e Cambell, 2001; Medina et al. 2011). Desenvolvimento de doenças neurodegenerativas, esclerose lateral amiotrófica e encefalopatia de diálise encontradas em mamíferos (Exley et al. 1997; Flora et al. 2003; Bondy, 2010).

A citotoxicidade do Al nas plantas (Delhaize e Ryan, 1995; Horst et al. 1999; Kollmeier et al. 2000; Marienfeld et al. 2000) induz mais de 20 genes de espécies vegetais, incluindo o trigo (Aniol, 1995; Delhaize et al. 1999), centeio (Gallego e Benito, 1997), arroz (Nguyen et al. 2001), soja (Bianchi-Hall et al. 1998), tabaco (Ezaki et al. 1997) e Arabidopsis (Richards et al. 1998). As raízes das plantas são curtas e frágeis, enquanto as pontas das raízes e as raízes laterais se tornam espessas e castanhas (Mossor-Pietraszewska et al. 1997). O Al prejudica o crescimento de novas raízes, a função das membranas e a formação de plântulas (Nosko et al. 1988; Lukaszewski e Blevins, 1996), reduz a abertura dos estomas, as actividades fotossintéticas, o número e o tamanho das folhas, a biomassa dos rebentos e aumenta as taxas de resistência à difusão (Thornton et al. 1986).

Cobalto (Co)

O Co é importante para o corpo humano como vitamina B-12 que produz glóbulos vermelhos (Barceloux, 1999; ATSDR, 2004; Reynolds, 2006; Varela-Moreiras et al. 2009; Permenter et al. 2013; Czarnek et al. 2015). O Co forma aminoácidos nas células nervosas e cria neurotransmissores importantes para o funcionamento exato do organismo. É também importante para o tratamento da anemia e uma alternativa à dopagem sanguínea tradicional (Czarnek et al. 2015). Uma quantidade substancial de cobalto pode causar pneumonia, pieira (ATSDR, 2004), cancro do pulmão (Darago e Sapota, 2011; Smith et al. 2014), rinite, asma, irritação respiratória, inflamação (Patel et al. 2012), dermatite (Schwartz, 1945; Filon et al. 2009; Granchi et al. 2008), alergia (Filon et al. 2009; Granchi et al. 2008; Leggett, 2008). Além disso, tumores metastáticos destrutivos (Kalinich et al. 2005), perturbação do metabolismo da glucose (Eaton, 1973; Brahmachari e Joseph, 1973; De Matteis e Gibbs,

1977).

Ferro (Fe)

O Fe é um elemento importante para o corpo humano, mas uma quantidade excessiva é prejudicial. A acumulação de Fe na água é utilizada para eliminar as cianobactérias (van Anholt et al. 2002; Velisek et al. 2014). O ferro férrico insolúvel (Fe^{3+}) é tóxico para os animais aquáticos (Davidson 1993), cobrindo as franjas branquiais, induzindo danos epiteliais e perturbando a respiração (Teien et al. 2008). O Fe é encontrado no organismo e, consequentemente, danifica os tecidos através da produção de ROS e da lipoperoxidação (Baker et al. 1997; Lappivaara et al. 1999). As bactérias de Fe formam um revestimento nas brânquias e limitam a capacidade respiratória dos peixes (Lukowicz, 1976). As brânquias são danificadas pelo Fe (Larson e Olsen 1950; Kinne e Rosenthal 1967; Brenner et al. 1976; Dalzell e MacFarlane, 1999), o que leva a uma interrupção das trocas de O_2 e CO_2, hipoxia, hipercapnia e acidose plasmática (Playle e Wood, 1989; Exley et al. 1991). De acordo com Mercola (2012), o excesso de Fe danifica os tecidos do corpo, contribuindo para graves problemas de saúde, incluindo

- Cirrose
- Cancro do fígado
- Arritmias cardíacas o Diabetes
- Doença de Alzheimer
- Infecções bacterianas e virais

A deficiência de Fe provoca anemia (Wood e Ronnenberg, 2005), risco de sépsis, mortalidade materna, mortalidade perinatal e baixo peso à nascença (CDC, 2010). A deficiência também reduz a capacidade de aprendizagem que está relacionada com o aumento das taxas de morbilidade (CDC, 2010).

Contaminação por metais pesados no rio

Os metais pesados são poluentes perigosos que podem constituir uma ameaça grave para o homem e o ambiente (Bhuyan e Islam, 2017). A existência de metais pesados tóxicos na água e no sedimento do rio pode causar graves problemas a todos os organismos vivos devido à sua natureza de longa persistência e bioacumulação na cadeia alimentar (Bhuyan e Islam, 2017). A contaminação por metais pesados na água do rio foi registada por Bhuyan et al. (2016), Ali et al. (2016), Sikder et al. (2016), Hassan et al. (2015), Samad et al. (2015), Dey et al. (2015), Islam et al. (2015), Bhuiyan et al. (2014), Banu et al. (2013), Islam et al. (2013), Sikder et al. (2013), Siddique e Akter (2012), Rahman et al. (2012), Rashid et al. (2012), Zakir et al. (2012), Sultana et al. (2012), Ahmed et al. (2012), Mohiuddin et al. (2011), Das et al. (2011), Saha e Hossain (2011), Ahmad et al. (2010), Ahmad e Goni (2010), Das et al. (2002).

Objectivos do estudo

- Analisar e comparar metais pesados de peixes, água e sedimentos recolhidos em diferentes locais dos rios selecionados.
- Verificar o efeito dos metais pesados em diferentes organismos aquáticos e no ser humano da área de estudo.

3. METAIS PESADOS NO RIO MEGHNA

Materiais e métodos

Locais de amostragem

O rio Meghna, adjacente a Narsingdi Sadar (Fig. 1), é utilizado como *Ghat* fluvial (um local ribeirinho utilizado para atravessar o rio de um lado para o outro de barco) para se deslocar em várias direcções a partir do distrito de Narsingdi, através de um conjunto de barcos a motor feitos de madeira que aguardam passageiros. O Boro Bazar situa-se no terminal de lançamento, a poucos passos de distância deste *Ghat*. Rodeado por terrenos agrícolas onde são utilizados vários tipos de pesticidas, por exemplo, DDT, Algin, Organofosfatos, etc. (Sítio-1). Boiddamar Char é o local onde existem muitas fábricas de têxteis, indústrias de tingimento e de juta, etc. (Sítio 2).

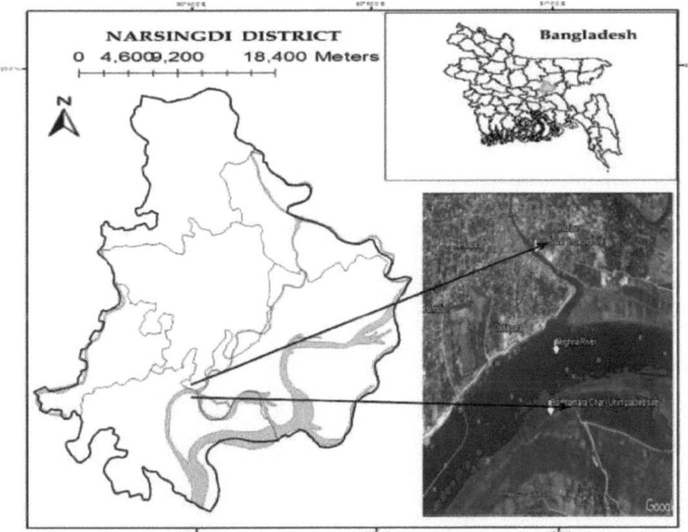

Figura 1: Mapa com os pontos de amostragem do rio Meghna.

Recolha e preservação de amostras

Um total de 32 espécies de peixes foram recolhidas de pescadores para cada estação e depois identificadas de acordo com Rahman et al. (2009), Roy et al. (2007), Quddus et al. (1988), Quddus e Shafi (1983). Após a recolha, os peixes foram imediatamente colocados em sacos de polietileno e, em seguida, mantidos num recipiente isolado de uma caixa de gelo de poliestireno. Por fim, as amostras foram transferidas para o Conselho de Investigação Científica e Industrial do Bangladesh (BCSIR) numa caixa de gelo (Irwandi e Farida, 2009; Ismail e Saleh, 2012), onde os peixes foram primeiro lavados com água desionizada e selados em sacos de polietileno, sendo depois mantidos num congelador a - 20°C até à análise (Elnabris et al. 2012).

Determinação de metais pesados

Os teores de metais pesados foram determinados por AAS utilizando o procedimento analítico normalizado. A recolha de amostras é uma fase importante para a análise de metais. As amostras foram geralmente manuseadas com cuidado para evitar a contaminação. O material de vidro foi devidamente limpo e os reagentes eram de qualidade analítica. Durante o estudo, foi utilizada água destilada. As determinações em branco dos reagentes foram utilizadas para corrigir as leituras do instrumento. As técnicas de preparação das amostras, de preparação dos padrões e de análise dos metais são descritas sucintamente a seguir.

Preparação da amostra (método de incineração a seco)

Este procedimento foi também utilizado para a destruição da matéria orgânica. Foi necessário tomar precauções para evitar perdas por volatilização de elementos. Em primeiro lugar, as amostras foram homogeneizadas. Em seguida, pesou-se com precisão uma quantidade adequada (10 a 20 g) das amostras homogeneizadas numa placa de sílica tarada. Em seguida, as amostras foram secas a 100°C numa estufa de laboratório. Estas placas foram então colocadas na mufla à temperatura ambiente e a temperatura foi lentamente aumentada para 450°C a uma velocidade não superior a 50°C/h. As amostras foram incendiadas num forno Muffle. As amostras foram incineradas numa mufla a 450°C durante pelo menos 8 horas. Depois de terminada a incineração e arrefecida, as placas foram retiradas do forno. De seguida, as cinzas foram dissolvidas em ácido nítrico diluído (Afthan et al. 2000). As soluções foram colocadas de novo numa placa quente e continuaram a aquecer, adicionando ácido adicional conforme necessário até a digestão estar concluída. Em seguida, as amostras foram filtradas para um balão volumétrico de 100 ml com papel de filtro Whatman n.º 44 e o resíduo foi lavado. Cada solução de amostra foi completada com água destilada até ao traço de aferição.

Preparação padrão

Cada solução padrão de metal foi preparada para calibrar o instrumento para cada elemento a ser determinado no mesmo dia em que as análises foram efectuadas devido à possível deterioração do padrão com o tempo. Todas as amostras foram preparadas a partir de produtos químicos de qualidade analítica com água destilada. 1 g de cádmio, cobre, chumbo e níquel foram dissolvidos em solução de HNO3; 1 g de cobalto, ferro, manganês, zinco e alumínio foram dissolvidos em solução de HCl; 2,8289 g de K2Cr2O7 (=1 g de crómio) foram dissolvidos em água e completados até 1 litro num balão volumétrico com água destilada, preparando-se assim uma solução de reserva de 1000 mg/l de Cd, Cu, Pb, Ni, Co, Fe, Mn, Zn, Al e Cr. (Cantle, J. E. 1982). Em seguida, 100 ml de 0,1, 0,25, 0,5, 0,75, 1,0 e 2,0 mg/l de padrões de trabalho de cada metal, com exceção do ferro, foram preparados a partir destas reservas utilizando micropipetas em 5 ml de ácido nítrico 2N. Foram preparados 100 ml de 2,0, 2,5, 5,0, 10,0 e 20,0 mg/l de padrões de trabalho de ferro metálico a partir da solução de reserva de ferro. O branco de reagente foi preparado da mesma forma que a preparação da amostra, sem a amostra, para evitar a contaminação dos reagentes.

Análise da amostra

Finalmente, o instrumento de absorção atómica foi cuidadosamente montado. Entretanto, as condições da chama e a absorvância foram optimizadas para a substância a analisar. Em seguida, o branco (água desionizada), os padrões, o branco da amostra e as amostras foram aspirados para a chama do AAS (modelo iCE 3300, Thermo Scientific, concebido no Reino Unido, fabricado na China). As curvas de calibração foram determinadas para a concentração vs. absorvância. Os dados foram analisados estatisticamente utilizando o ajuste da linha reta pelo método dos mínimos quadrados. Para maior precisão, foi também efectuada uma leitura em branco, tendo sido feitas as correcções necessárias durante o cálculo da concentração dos vários elementos.

Análise estatística

Foi efectuada uma análise de variância unidirecional (ANOVA) para mostrar as variações na concentração de metais pesados em função das estações do ano e dos peixes. O gráfico GGraph foi utilizado para a apresentação gráfica do metal pesado em função das estações do ano. De acordo com Dreher (2003), a Análise de Componentes Principais (ACP) foi efectuada no conjunto de dados original (sem qualquer ponderação ou normalização). A matriz de correlação produto-momento de Pearson foi efectuada para identificar a relação entre os metais, de modo a validar os resultados obtidos a partir da análise multivariada.

Resultados

No presente estudo, um total de 32 espécies de peixes foram examinadas para determinar as concentrações de metais pesados (Zn, Al, Cd, Pb, Cu, Ni, Fe, Mn, Cr, Co).

A concentração mais elevada de Zn foi registada em *Amblypharyngnodon mola* (42,45 mg/kg) e a mais baixa em *Ctenopharyngodon idella* (10,27 mg/kg) durante a estação das chuvas (quadro 2). A concentração máxima de Al registada em *Gudusiachapra* (117,55 mg/kg) e a mínima em *Ctenopharyngodon idella* (1,85 mg/kg) (quadro 2).

A concentração mais elevada de Mn foi registada em *Tetraodon cutcutia* (19,07 mg/kg) e a mais baixa em *Ctenopharyngodon idella* (0,96 mg/kg) (quadro 2). A concentração mais elevada de Cd foi registada em *Ompok pabda (*0,12 mg/kg); Pb em *Colisa lalia* (5,87); Cu em *Barbodes sarana* (32,44 mg/kg); Ni em *Amblypharyngnodon mola* (0,76 mg/kg); Cr em *Anabus testudineus* (1,75 mg/kg) e Co em *Mystus bleekeri* (0,43 mg/kg), enquanto a concentração mais baixa destes metais foi registada abaixo do limite de deteção durante a estação das chuvas (quadro 2).

Tabela 1. Limites admissíveis de metais pesados nos músculos dos peixes (g/g de peso húmido) de acordo com as normas internacionais.

Organizations	Pb	Cu	Ni	Mn	Cd	Zn	References
WHO, 1996	2.00	30	-	-	-	-	Ikema and Egieborb, 2005
WHO, 1989	2.00	30	0.5-	1.00	1.00	100	Mokhtar, 2009
EC, 2005	0.20	-	-	-	0.05	-	Ozturk et al. 2009; EC,
MAFF, 1995	2.00	20	-	-	-	50	Ikema and Egieborb, 2005

Durante o inverno, o valor mais elevado de Zn foi registado em *Amblypharyngnodon mola* (44,48 mg/kg) e o valor mais baixo em *Johnius coitor* (9,6 mg/kg) (quadro 3). A concentração mais elevada de Al foi detectada em *Labeo rohita* (106,70 mg/kg) e o valor mais baixo foi registado em *Nandus nandus (*3,24 mg/kg). O valor máximo de Cu foi medido em *Glossogobius giuris* (8,19 mg/kg) e o valor mínimo foi registado em *Macrognathus aculeatus* (0,20 mg/kg) (quadro 3). A quantidade máxima de Fe foi detectada em *Mystus bleekeri* (93,16 mg/kg) e a quantidade mais baixa foi registada em *Ctenopharyngodon idella* (9,86 mg/kg). A concentração mais elevada de Mn foi registada em *Colisa lalia* (19,87 mg/kg) e a mais baixa em *Mastacembelus armatus* (1,65 mg/kg). Além disso, foi registada a quantidade máxima de Cd em *Ompok pabda* (0,21 mg/kg); Pb em *Colisa lalia* (6,75 mg/kg); Ni em *Amblypharyngnodon mola* (0,986 mg/kg); Cr em *Stinging catfish* (3,01 mg/kg) e Co em *Labeo rohita* (0,70 mg/kg), enquanto a concentração mais baixa destes metais foi registada abaixo do limite de deteção (quadro 3).

Na estação pré-monção, o valor máximo de Zn foi registado em *Amblypharyngnodon mola* (43,67 mg/kg) e o valor mais baixo foi documentado em *Johnius coitor* (8,65 mg/kg) (Quadro 4). A maior quantidade de Al foi medida em *Labeo rohita* (104,87 mg/kg) e a menor quantidade foi registada em *Ctenopharyngodon idella* (1,78 mg/kg). A concentração mais elevada de Cu foi detectada em *Barbodes sarana* (26,67 mg/kg) e a mais baixa em *Macrognathus aculeatus* (0,21 mg/kg). O valor máximo de Fe foi registado em *Gudusiachapra* (77,66 mg/kg) e o valor mínimo foi registado em *Xenentodon cancila* (7,85 mg/kg). A maior quantidade de Mn foi medida em *Tetraodon cutcutia* (20,01 mg/kg) e o valor mais baixo foi registado em *Ctenopharyngodon idella* (1,01 mg/kg). A concentração mais elevada foi registada para o Cd em *Ompok pabda* (0,23 mg/kg); Pb em *Colisa lalia* (6,85 mg/kg); Ni em *Amblypharyngnodon mola* (0,98 mg/kg); Cr em *Aila coila* (8,18 mg/kg) e Co em *Channa punctatus* (0,51 mg/kg), enquanto a concentração mais baixa destes metais foi registada abaixo do limite de deteção (quadro 4).

Análise de variância (ANOVA) em espécies de peixes

Foram encontradas variações significativas nas concentrações de Zn, Al, Pb, Cu, Ni, Fe, Co, Mn nas várias espécies de peixes ao nível de significância ($p<0,05$). No entanto, não foram encontradas variações significativas ($p>0,05$) nos níveis de Cd e Cr entre as espécies de peixes. Além disso, não foram encontradas variações predominantes ($p>0,05$) nas concentrações de metais em termos de estações, exceto para Pb e Mn ($p<0,05$).

Tabela 2. Concentrações de metais pesados (mg/kg) nos peixes durante a estação das monções.

Sl. No.	Scientific Name	Sample ID	Zn	Al	Cd	Pb	Cu	Ni	Fe	Mn	Cr	Co
01	*Aila coila*	FM-01	23.85	9.70	BDL	0.04	0.19	0.35	18.62	3.45	BDL	BDL
02	*Aorichthys aor*	FM-02	19.54	6.20	0.027	BDL	0.61	0.192	18.61	2.02	BDL	0.24
03	*Mastacembelus*	FM-03	15.38	2.10	BDL	BDL	1.41	BDL	24.34	1.76	BDL	BDL
04	*Labeo bata*	FM-04	15.67	12.99	BDL	BDL	0.93	0.08	19.62	3.56	BDL	BDL
05	*Glossogobius giuris*	FM-05	18.54	5.32	BDL	BDL	7.19	0.18	13.07	2.98	BDL	BDL
06	*Nandus nandus*	FM-06	19.70	3.51	0.015	BDL	1.02	0.138	17.23	4.8	BDL	0.27
07	*Colisa lalia*	FM-07	32.88	31.34	BDL	5.87	3.00	BDL	37.67	18.99	BDL	BDL
08	*Gudusia chapra*	FM-08	17.7	117.55	BDL	BDL	1.01	0.22	76.21	14.21	BDL	BDL
09	*Chitala chitala*	FM-09	15.40	13.85	BDL	0.035	0.72	BDL	45.34	2.30	0.19	BDL
10	*Colisa chuna*	FM-10	14.52	12.55	BDL	0.09	1.40	BDL	35.76	3.75	0.78	BDL
11	*Barbodes sarana*	FM-11	24.41	45.52	0.099	0.47	32.44	0.193	39.97	4.46	BDL	0.28
12	*Tenualosa ilisha*	FM-12	11.31	3.86	0.092	0.67	1.21	0.084	27.54	2.39	0.05	BDL
13	*Notopterus*	FM-13	18.62	13.21	BDL	BDL	0.03	0.01	19.23	3.67	BDL	BDL
14	*Tetraodon cutcutia*	FM-14	34.21	33.01	BDL	BDL	0.99	0.31	39.91	19.07	BDL	BDL
15	*Ctenopharyngodon*	FM-15	10.27	1.85	BDL	BDL	0.69	0.064	9.11	0.96	0.11	BDL
16	*Labeo calbasu*	FM-16	29.21	42.66	BDL	1.71	1.28	BDL	18.21	4.11	0.99	BDL
17	*Mystus cavasius*	FM-17	15.82	27.41	BDL	BDL	0.84	0.272	35.74	1.50	BDL	BDL
18	*Lepidocephalichthys*	FM-18	24.56	7.88	BDL	3.21	2.30	0.29	14.87	3.77	BDL	0.03
19	*Puntius sarena*	FM-19	29.65	44.28	0.035	BDL	0.71	0.210	66.71	9.44	BDL	BDL
20	*Xenentodon cancila*	FM-20	20.13	5.45	BDL	0.38	1.21	0.187	18.71	2.56	BDL	0.27
21	*Clupisoma garua*	FM-21	23.01	21.44	BDL	BDL	0.38	0.12	42.42	10.10	BDL	BDL
22	*Anabu stestudineus*	FM-22	26.44	17.72	BDL	BDL	1.54	0.185	65.43	7.10	1.75	BDL
23	*Amblypharyngnodo*	FM-23	42.45	31.11	BDL	BDL	2.05	0.76	28.04	5.43	BDL	BDL
24	*Ompok pabda*	FM-24	39.50	4.5	0.121	BDL	0.64	0.362	11.16	1.92	BDL	0.41
25	*Johnius coitor*	FM-25	17.34	9.32	BDL	BDL	0.50	0.10	31.36	3.10	0.21	0.30
26	*Labeo rohita*	FM-26	28.40	103.13	0.013	BDL	1.98	0.150	64.56	9.76	0.21	0.37
27	*Stinging catfish*	FM-27	12.83	15.37	0.063	1.35	1.02	BDL	93.83	2.54	0.19	0.24
28	*Channa striatus*	FM-28	16.42	2.45	BDL	BDL	0.61	0.084	39.21	9.10	0.08	0.15
29	*Channa punctatus*	FM-29	15.59	6.10	0.011	0.040	1.27	0.12	147.77	9.55	BDL	0.29
30	*Macrognathus*	FM-30	20.32	4.89	BDL	BDL	0.10	0.11	18.32	2.67	BDL	BDL
31	*Mystus bleekeri*	FM-31	28.15	10.90	0.039	BDL	1.41	BDL	78.35	2.77	BDL	0.43
32	*Silonia silondia*	FM-32	21.92	3.53	BDL	BDL	0.48	0.178	28.13	1.76	BDL	BDL

Tabela 3. Concentrações de metais pesados (mg/kg) nos peixes durante a época de inverno.

Sl. No.	Scientific Name	Sample ID	Zn	Al	Cd	Pb	Cu	Ni	Fe	Mn	Cr	Co
01	*Aila coila*	FW-01	25.77	10.69	BDL	0.15	0.24	0.456	23.63	3.51	BDL	BDL
02	*Aorichthys aor*	FW-02	14.96	43.19	BDL	BDL	0.40	0.235	54.77	2.40	0.20	BDL
03	*Mastacembelus*	FW-03	14.99	6.15	BDL	BDL	1.98	0.141	20.43	1.65	BDL	BDL
04	*Labeo bata*	FW-04	16.75	14.35	BDL	BDL	1.10	0.174	21.92	4.34	BDL	BDL
05	*Glossogobius giuris*	FW-05	19.63	5.52	BDL	BDL	8.19	0.179	15.05	3.22	BDL	BDL
06	*Nandus nandus*	FW-06	17.85	3.24	BDL	BDL	0.91	0.112	19.12	10.41	BDL	BDL
07	*Colisa lalia*	FW-07	36.2	32.54	BDL	6.75	3.98	BDL	37.6	19.87	BDL	BDL
08	*Gudusia chapra*	FW-08	18.73	120.4	BDL	BDL	1.21	0.297	78.62	14.34	BDL	BDL
09	*Chitala chitala*	FW-09	11.47	5.90	BDL	BDL	0.45	0.093	13.50	2.65	BDL	BDL
10	*Colisa chuna*	FW-10	15.99	13.79	BDL	0.11	2.11	BDL	38.67	4.87	1.6	BDL
11	*Barbodes sarana*	FW-11	16.10	10.53	0.030	BDL	6.52	0.129	14.10	3.54	BDL	BDL
12	*Tenualosa ilisha*	FW-12	11.31	3.86	0.092	0.67	1.21	0.084	27.54	2.39	0.05	BDL
13	*Notopterus*	FW-13	19.47	13.50	BDL	BDL	0.33	0.130	23.07	4.91	BDL	BDL
14	*Tetraodon cutcutia*	FW-14	35.95	34.51	BDL	BDL	1.47	0.364	42.16	19.58	BDL	BDL
15	*Ctenopharyngodon*	FW-15	11.21	1.98	BDL	BDL	0.87	0.12	9.86	1.21	0.21	BDL
16	*Labeo calbasu*	FW-16	31.21	43.87	BDL	1.91	1.76	BDL	20.01	4.79	1.12	BDL
17	*Mystus cavasius*	FW-17	17.21	27.69	BDL	BDL	1.02	0.31	36.74	1.81	BDL	BDL
18	*Lepidocephalichthys*	FW-18	25.99	9.01	BDL	4.21	2.45	0.41	15.89	4.65	BDL	0.067
19	*Puntius sarena*	FW-19	39.65	12.28	BDL	BDL	1.23	0.596	33.96	15.99	BDL	BDL
20	*Xenentodon cancila*	FW-20	19.05	6.92	BDL	BDL	0.39	0.307	13.94	3.40	BDL	BDL
21	*Clupisoma garua*	FW-21	24.12	22.24	BDL	BDL	0.52	0.227	44.40	11.43	BDL	BDL
22	*Anabu stestudineus*	FW-22	15.61	3.32	BDL	BDL	0.82	0.092	27.10	6.97	0.19	BDL
23	*Amblypharyngnodo*	FW-23	44.48	32.0	BDL	BDL	2.26	0.986	30.05	5.74	BDL	BDL
24	*Ompok pabda*	FW-24	39.98	5.01	0.21	BDL	0.69	0.38	12.01	2.05	BDL	0.51
25	*Johnius coitor*	FW-25	9.60	29.10	BDL	BDL	0.34	0.157	23.92	2.85	0.057	BDL
26	*Labeo rohita*	FW-26	29.40	106.70	0.04	BDL	2.01	0.17	66.98	11.30	0.57	0.70
27	*Stinging catfish*	FW-27	13.01	11.42	BDL	1.56	1.76	0.45	25.94	3.89	3.01	BDL
28	*Channa striatus*	FW-28	16.67	3.42	BDL	BDL	1.01	0.10	40.01	10.21	0.10	0.22
29	*Channa punctatus*	FW-29	12.40	3.22	BDL	BDL	0.32	0.087	12.93	8.67	BDL	BDL
30	*Macrognathus*	FW-30	22.55	5.57	BDL	BDL	0.20	0.243	19.38	3.58	BDL	BDL
31	*Mystus bleekeri*	FW-31	25.47	93.65	BDL	BDL	0.41	0.766	93.16	7.80	BDL	BDL
32	*Silonia silondia*	FW-32	23.24	4.21	BDL	BDL	0.54	0.18	29.92	1.86	BDL	BDL

Tabela 4. Concentrações de metais pesados (mg/kg) nos peixes durante a estação pré-monção.

Sl. No.	Scientific Name	Sample ID	Zn	Al	Cd	Pb	Cu	Ni	Fe	Mn	Cr	Co
01	*Aila coila*	FPM-	26.84	9.43	BDL	3.28	1.41	0.182	17.93	3.65	8.18	BDL
02	*Aorichthys aor*	FPM-	14.96	43.19	BDL	BDL	0.40	0.235	54.77	2.40	0.20	BDL
03	*Mastacembelus*	FPM-	11.59	5.10	BDL	1.34	1.26	0.04	12.36	2.86	1.94	0.17
04	*Labeo bata*	FPM-	15.00	14.21	BDL	BDL	1.08	0.16	20.41	4.07	BDL	BDL
05	*Glossogobius giuris*	FPM-	18.90	17.05	BDL	2.70	1.30	0.121	13.50	4.26	BDL	0.12
06	*Nandus nandus*	FPM-	14.61	5.67	BDL	0.86	1.26	0.045	11.40	6.27	0.19	0.05
07	*Colisa lalia*	FPM-	35.49	32.48	BDL	6.85	3.03	BDL	38.5	19.67	BDL	BDL
08	*Gudusia chapra*	FPM-	18.01	119.3	BDL	BDL	1.06	0.28	77.66	14.84	BDL	BDL
09	*Chitala chitala*	FPM-	10.98	5.72	BDL	BDL	0.46	0.08	12.78	2.45	BDL	BDL
10	*Colisa chuna*	FPM-	15.77	12.98	BDL	0.12	1.56	BDL	36.21	3.90	0.40	BDL
11	*Barbodes sarana*	FPM-	33.69	35.15	BDL	6.05	26.67	0.366	18.56	5.96	BDL	BDL
12	*Tenualosa ilisha*	FPM-	11.01	3.91	0.07	0.59	1.11	0.01	27.03	2.21	0.07	BDL
13	*Notopterus*	FPM-	19.15	9.00	BDL	2.54	0.78	0.182	19.08	6.22	BDL	BDL
14	*Tetraodon cutcutia*	FPM-	34.21	34.01	BDL	BDL	1.40	0.31	41.87	20.01	BDL	BDL
15	*Ctenopharyngodon*	FPM-	10.69	1.78	BDL	BDL	0.82	0.11	9.75	1.01	0.15	BDL
16	*Labeo calbasu*	FPM-	30.80	43.57	BDL	1.89	1.65	BDL	19.84	4.50	1.04	BDL
17	*Mystus cavasius*	FPM-	17.56	28.21	BDL	BDL	1.00	0.21	35.76	1.75	BDL	BDL
18	*Lepidocephalichthys*	FPM-	25.64	8.05	BDL	3.88	2.38	0.352	15.96	4.09	BDL	0.077
19	*Puntius sarena*	FPM-	30.68	20.06	BDL	2.12	1.59	0.176	19.90	8.52	BDL	BDL
20	*Xenentodon cancila*	FPM-	28.87	4.66	BDL	2.71	1.02	0.099	7.85	2.01	2.17	0.15
21	*Clupisoma garua*	FPM-	24.32	20.22	BDL	BDL	0.41	0.21	41.65	10.98	BDL	BDL
22	*Anabu stestudineus*	FPM-	15.74	32.50	BDL	3.09	0.985	0.135	32.71	4.69	2.29	0.28
23	*Amblypharyngnodo*	FPM-	43.67	31.55	BDL	BDL	2.43	0.98	30.10	4.32	BDL	BDL
24	*Ompok pabda*	FPM-	38.45	4.50	0.23	BDL	0.63	0.28	11.47	2.10	BDL	0.42
25	*Johnius coitor*	FPM-	8.65	27.70	BDL	BDL	0.32	0.16	22.47	2.67	0.04	BDL
26	*Labeo rohita*	FPM-	29.20	104.87	0.03	BDL	1.99	0.17	66.22	9.88	0.31	0.45
27	*Stinging catfish*	FPM-	10.84	10.80	BDL	1.66	1.22	0.073	24.84	2.79	1.97	BDL
28	*Channa striatus*	FPM-	15.76	3.21	BDL	BDL	1.12	0.08	39.31	10.13	0.09	0.04
29	*Channa punctatus*	FPM-	16.70	66.50	BDL	5.86	0.94	BDL	54.34	8.96	3.62	0.51
30	*Macrognathus*	FPM-	21.45	5.07	BDL	BDL	0.21	0.21	18.32	3.01	BDL	BDL
31	*Mystus bleekeri*	FPM-	26.54	69.53	BDL	3.00	2.19	BDL	37.62	3.71	1.23	BDL
32	*Silonia silondia*	FPM-	22.53	4.01	BDL	BDL	0.32	0.173	29.13	1.74	BDL	BDL

FM - Peixes da estação das monções

FW - Estação de inverno dos Peixes

FPM- Peixe Pré-monção

BDL - Abaixo do limite de deteção

Matriz de correlação

No ambiente aquático, a inter-relação entre metais em peixes fornece fontes de informação significativas e caminhos de variáveis. O resultado das correlações entre metais pesados está de acordo com os resultados obtidos por PCA e CA que confirmam algumas novas associações entre parâmetros. Registou-se uma correlação positiva significativa entre Cd vs Co (0,733), uma correlação positiva moderada entre Fe vs Al (0,568), Ni vs Co (0,482), Mn vs Co (0,395) e uma correlação fraca entre Cr vs Co (0,351), Pb vs Cr (0,283) (Quadro 5). A correlação forte e moderada indica que as suas fontes de origem são semelhantes, especialmente a partir de efluentes industriais, resíduos municipais e insumos agrícolas. Por outro lado, foram encontradas correlações negativas fracas entre Cd vs. Zn (-0,241), Pb vs. Ni (-0,155), Cd vs. Fe (-0,147) em peixes de rio (Quadro 5).

Tabela 5. Matriz de correlação de metais pesados em peixes.

		Zn	Al	Cd	Pb	Cu	Ni	Fe	Mn	Cr	Co
Correlation	Zn	1.000									
	Al	0.217	1.000								
	Cd	-0.241	-0.029	1.000							
	Pb	0.247	0.071	-0.054	1.000						
	Cu	0.165	0.098	-0.039	0.261	1.000					
	Ni	0.181	0.091	0.721	-0.155	0.013	1.000				
	Fe	0.070	0.568	-0.147	-0.087	-0.029	-0.075	1.000			
	Mn	0.187	0.356	0.559	0.191	-0.010	0.446	0.253	1.000		
	Cr	-0.125	0.017	0.400	0.283	-0.059	0.215	-0.100	0.157	1.000	
	Co	-0.054	0.119	0.733	-0.027	0.012	0.482	0.066	0.395	0.351	1.000

Análise de componentes principais

O método de extração foi utilizado para descobrir os componentes principais na análise PCA, ou seja, os valores Eigen. Os componentes foram considerados como componentes principais cujos valores Eigen eram superiores a 0,6. Foram extraídos 6 PCs utilizando a matriz de correlação que reflecte os processos que influenciam a composição dos metais pesados, com 88,16 % da variância total da amostra (Quadro 6). A variância total dos PCs foi de 29,0%, 18,81% e 14,48%, 10,91%, 8,74%, 6,22% para PC 1, PC 2, PC 3, PC 4, PC 5, PC 6, respetivamente (Quadro 6). O PC 1 está fortemente correlacionado com Cd, Co, Ni, Mn e o PC 2 com Al, Fe, Zn. Além disso, registou-se uma forte correlação do PC 3 com o Pb, do PC 5 com o Cu e não se registou uma forte correlação com o PC 4 e o PC 6 (quadro 6). A fonte de PC 1 e PC 2 pode ser considerada como uma fonte mista proveniente de contribuições antropogénicas, particularmente de efluentes industriais e actividades agrícolas na área de estudo. Enquanto que os PC 3, PC 4, PC 5 e PC 6 podem ser considerados como fontes diferentes, tanto litogénicas como antropogénicas.

Tabela 6. Matriz de componentes do modelo de seis factores com cargas fortes a moderadas nos peixes.

Parameters	Components					
	PC 1	PC 2	PC 3	PC 4	PC 5	PC 6
Cd	0.910	-0.315			0.101	-0.141
Co	0.804				0.178	0.121
Ni	0.778			-0.453		0.165
Mn	0.717	0.381			-0.172	-0.469
Al	0.234	0.784	-0.230	0.185		0.162
Fe		0.697	-0.494	0.280	0.120	
Zn		0.567	0.352	-0.510	-0.418	0.263
Pb		0.289	0.793	0.345	-0.146	-0.250
Cr	0.494	-0.201	0.335	0.578	-0.135	0.423
Cu		0.277	0.529	-0.236	0.749	
Eigen value	2.9	1.88	1.45	1.10	0.87	0.62
% Total variance	29.0	18.81	14.48	10.91	8.74	6.22
Cumulative %	29.0	47.81	62.29	73.20	81.94	88.16

Discussão

Alguns factores, nomeadamente a duração da exposição dos peixes a contaminantes na água, o hábito alimentar dos peixes, as concentrações de contaminantes na coluna de água, a química da água, a contaminação dos peixes durante o manuseamento e a transformação, influenciaram a contaminação dos peixes (Ikemand Egiebor, 2005).

Verificou-se que os níveis de metais tóxicos em 32 espécies de peixes estavam abaixo dos limites permitidos pela OMS para a alimentação (OMS, 1972, 1987). O zinco é um elemento vital na dieta humana, mas uma concentração mais baixa pode representar uma ameaça grave para a saúde humana (ATSDR, 2004). No estudo recente, as concentrações de Zn variaram entre (8,65-44,48) mg/kg. A concentração de Zn foi inferior à diretriz máxima da FAO de 30 mg/kg (FAO/OMS, 1989; FAO, 1983), exceto em *Amblypharyngnodon mola. Colisa lalia, Tetraodon cutcutia, Barbodes sarana, Labeo calbasu, Puntius sarena, Ompok pabda* durante três épocas sucessivas. Uma quantidade de Zn até 40 mg/kg pode provocar toxicidade, caracterizada por sintomas de irritabilidade, rigidez e dores musculares, perda de apetite e náuseas (NAS-NRC, 1974).

No presente estudo, a concentração de Cd registada em *Ompok pabda, Barbodes sarana, Tenualosa ilisha, Puntius sarena, Stinging catfish* ultrapassou o limite admissível (0,02 mg/kg) estabelecido pela (UE, 2006), mas na maioria dos peixes, a concentração estava abaixo do limite de deteção. A acumulação de Cd no corpo humano pode causar cancro da próstata e cancro da mama (Saha e Zaman, 2012), disfunção renal, danos no esqueleto e deficiências reprodutivas (Comissão das Comunidades Europeias, 2001).

A quantidade de Pb variou entre (BDL-6.85) mg/kg que é inferior ao limite estabelecido pela UE que é de 0.3 mg/kg (UE, 2006) exceto em *Colisa lalia, Aila coila, Mastacembelus armatus, Glossogobius giuris, Nandus nandu, Barbodes sarana, Tenualosa ilisha, Labeo calbasu, Lepidocephalichthys guntea, Xenentodon cancila, Stinging catfish* para 3 estações. Resultados mais ou menos semelhantes foram encontrados por Staniskiene et al. (2006); Copat et al. (2012). O Pb é extremamente responsável pela redução do desenvolvimento cognitivo e do desempenho intelectual nas crianças, pelo aumento da tensão arterial e pelas doenças cardiovasculares nos adultos (Comissão das Comunidades Europeias, 2001).

A concentração de Cu no presente estudo variou entre (0,03-32,44) mg/kg, muito abaixo do limite permitido, exceto em *Barbodes sarana.* A FAO/OMS (1989) estabeleceu limites para o Cu em peixes de 30,0 mg/kg para a saúde humana. O Cu é essencial para a síntese de hemoglobina, mas pode causar danos em concentrações elevadas (McCluggage, 1991), tais como danos no fígado e nos rins (ATSDR, 2004).

O Ni foi encontrado em concentrações muito baixas (BDL-0,986) mg/kg nos peixes. A concentração máxima de Ni estabelecida pela (USFDA, 1993) é de 70-80 mg/kg. A concentração atual era muito inferior ao limite permitido. As concentrações que ultrapassam o limite estabelecido podem causar cancro do pulmão e da cavidade nasal (USFDA, 1993).

A concentração de Cr está abaixo do limite (12-13) mg/kg estabelecido pela United States Food and Drug Administration (USFDA, 1993). O Cr é um elemento importante que ajuda o organismo a utilizar o açúcar, as proteínas e as gorduras, mas uma quantidade excessiva tem efeitos adversos nos peixes e na vida selvagem (Akan et al. 2009) e, por vezes, o Cr é carcinogénico (Institute of Medicine, 2002). Além disso, a deficiência de Cr pode afetar o metabolismo da glicose, dos lípidos e das proteínas e prejudicar o crescimento (Akoto et al. 2014).

A concentração de Fe variou entre (7,85-147,77) mg/kg e a concentração mais elevada foi registada em 147,77 mg/kg em *Channa punctatus*. O Fe é um elemento importante necessário para a produção de hemoglobina, mioglobina e certas enzimas (Akoto et al. 2014). A deficiência de Fe causa anemia em humanos (Anderson e Fitzgerald, 2010), fraqueza, incapacidade de concentração e suscetibilidade a infecções (Akoto et al. 2014).

No presente estudo, a concentração de Mn nos músculos dos peixes variou entre 0,96-20,01 mg/kg. Resultado semelhante foi encontrado por (Akoto et al. 2014), mas este resultado foi inferior ao de Begum et al. (2005) no lago Dhamondi, Dhaka, Bangladesh (8,8-23,5 ggg) e 0,59-11,74 ggg no lago Tanganica, Tanzânia (Chale, 2002). Baixa concentração de Mn necessária para o crescimento e prevenção de paragem cardíaca, ataque cardíaco e acidente vascular cerebral (Akoto et al. 2014; Ikem e Egiebor, 2005). A toxicidade aguda causa queixas psicológicas e neurológicas (Saha e Zaman, 2012).

As concentrações de Co medidas em todas as amostras de peixe variaram entre BDL-0,7 mg/kg de peso húmido. O Co é benéfico para a saúde, mas um nível elevado de Co pode causar efeitos nos pulmões e no coração e dermatite (ATSDR, 2004).

As concentrações de Al variaram de 1,78-120,4 mg/kg nos músculos dos peixes, inferiores ao limite admissível estabelecido pela EPA dos EUA (EPA, 2002). O alumínio encontra-se frequentemente no ambiente (Poleo, 1995; Gromysz-Kalkowska e Szubartowska, 1999; Weng et al. 2002). A concentração excessiva de Al em rios e lagos pode causar a morte de peixes (Reitz et al. 1996; Alloway e Ayres, 1997).

4. METAIS PESADOS NA ÁGUA E NOS SEDIMENTOS DO RIO MEGHNA

Recolha e preservação de amostras

As amostras de água e de sedimentos foram recolhidas em dois pontos: 1. Área de descarga de efluentes (Boro Bazar) e longe da área de descarga (Boiddamar Char) do rio Meghna, perto do distrito de Narsingdi (Fig. 1). A amostragem foi efectuada em três fases: primeiro, setembro de 2015 (estação das chuvas); segundo, janeiro de 2016 (estação do inverno) e terceiro, março de 2016 (pré-monção).

Foi recolhido um total de 24 amostras (12 amostras de água e amostras de sedimentos, respetivamente). Foram recolhidos cerca de 2 litros de amostras de águas superficiais e cerca de 1 kg de amostras de sedimentos do leito do rio através do método de agarrar (Shanbehzadeh et al. 2014). Após a recolha, as amostras de água e de sedimentos foram acidificadas com ácido nítrico (PH = 2) e transferidas imediatamente para o laboratório do Conselho de Investigação Científica e Industrial do Bangladesh (BCSIR), em Chittagong. A dureza, o pH, a temperatura e o oxigénio dissolvido foram medidos nos locais estudados durante a amostragem da água e dos sedimentos.

Determinação de metais pesados

As amostras de água e sedimentos recolhidas foram analisadas pelo AAS (Modelo: iCE 3300, Thermo Scientific, Concebido no Reino Unido, Fabricado na China) utilizando o procedimento analítico normalizado.

Tabela 7. Linhas espectrais utilizadas nas medições de emissão e limite de deteção instrumental para os elementos medidos por AAS.

Elements	Wavelength (nm)	Instrumental detection limit (mg/l)
Fe	248.3	0.0043
Pd	217.0	0.013
Cr	357.9	0.0054

Co	240.7	0.01
Cd	228.8	0.0028
Mn	279.5	0.0016
Ni	232.0	0.008
Zn	213.9	0.0033
Cu	324.8	0.0045
Al	309.3	0.028

As amostras foram manuseadas cuidadosamente. Foram utilizadas luvas de látex limpas e sem pó e batas de laboratório recomendadas durante o manuseamento das amostras para evitar a contaminação. O material de vidro foi devidamente limpo com solução de ácido crómico e água destilada. Durante o estudo, foram utilizados produtos químicos e reagentes de qualidade analítica. Foram utilizadas determinações em branco para obter as leituras corretas do instrumento.

Preparação da amostra (sedimento)

As amostras foram pesadas com precisão numa quantidade adequada (10 a 20 g) numa placa de sílica alcatroada. Em seguida, as amostras foram secas a 120°C numa estufa de laboratório. Estes pratos foram então colocados na mufla à temperatura ambiente e a temperatura foi lentamente aumentada para 450°C a uma taxa de 50°C/h. As amostras foram inflamadas numa mufla a 450°C durante pelo menos 8 horas. Devem ser tomadas precauções para evitar perdas por volatilização dos elementos. Após arrefecimento, as placas com as amostras foram retiradas do forno. Em seguida, as amostras foram digeridas numa quantidade desejada de ácido nítrico a 50% numa placa quente. Em seguida, as amostras foram filtradas para um balão volumétrico de 100 ml com papel de filtro Whatman n.º 44 e o resíduo foi lavado. Durante todo o tempo de preparação de cada solução de amostra, esta foi completada com água destilada até à marca.

Preparação da amostra (água)

As amostras de água recolhidas foram colocadas numa garrafa de PVC e cerca de 100 ml de água de cada amostra foram colocados num copo. Em seguida, as amostras foram digeridas com a adição de 5 ml de HNO3 conc. numa placa de aquecimento. Em seguida, as amostras foram filtradas para um balão volumétrico de 100 ml utilizando papel de filtro Whatman n.º 44 e completadas com água destilada até à marca.

Preparação padrão

A solução padrão de metal foi preparada para calibração do instrumento para cada elemento a ser determinado no mesmo dia em que as análises foram efectuadas devido à possível deterioração do padrão com o tempo. Todas as amostras foram preparadas com produtos químicos de qualidade analítica e água destilada. Cerca de 1 g de cádmio, cobre, chumbo e níquel foi dissolvido numa solução de HNO3; 1 g de cobalto, ferro, manganês, zinco e alumínio foi dissolvido numa solução de HCl; 2,8289 g de K2Cr2O7 (=1 g de crómio) foi dissolvido em água e completado até 1 litro num balão volumétrico com água destilada, preparando-se assim uma solução de reserva de 1000 mg/l de Cd, Cu, Pb, Ni, Co, Fe, Mn, Zn, Al e Cr (Cantle, 1982). Em seguida, foram preparados 100 ml de padrões de trabalho de 0,1, 0,25, 0,5, 0,75, 1,0 e 2,0 mg/l de cada metal, com exceção do ferro, a partir destes padrões de reserva, utilizando micropipetas em 5 ml de ácido nítrico 2N. Foram preparados 100 ml de 2,0, 2,5, 5,0, 10,0 e 20,0 mg/l de padrões de trabalho de ferro metálico a partir da solução de reserva de ferro. Foi também preparado um branco de reagente para evitar a contaminação dos reagentes.

Análise das amostras

O espetrofotómetro de absorção atómica foi instalado em condições de chama e a absorvância foi optimizada para as análises. Em seguida, os brancos (água desionizada), os padrões, o branco da amostra e as amostras foram aspirados para a chama do AAS (ModeliCE 3300, Thermo Scientific, concebido no Reino Unido, fabricado na China). As curvas de calibração obtidas para a concentração vs. absorvância. Os dados foram analisados estatisticamente utilizando o ajuste da linha reta pelo método dos mínimos quadrados. Foi também efectuada uma leitura em branco, tendo sido feitas as correcções necessárias durante o cálculo da concentração dos vários elementos.

Análise estatística

Foi efectuada uma análise de variância unidirecional (ANOVA) para mostrar as variações na concentração de metais pesados em função das estações do ano. O gráfico GGraph foi utilizado para a apresentação gráfica do metal pesado em função das estações do ano (SPSS v.22). De acordo com Dreher (2003), a Análise de Componentes Principais (ACP) foi efectuada no conjunto de dados original (sem qualquer ponderação ou normalização). A matriz de correlação do momento do produto de Pearson foi efectuada para identificar a relação entre os metais, de modo a tornar mais forte o resultado obtido da análise multivariada (SPSS v.22). Além disso, o mapa do local foi adaptado pelo software 'Arc GIS (v. 10.3)'.

Resultados e discussão

No presente estudo, todos os metais expostos na água foram encontrados abaixo do limite admissível estabelecido pela OMS (1993) e pela UE (1998), com exceção do Fe, Ni e Al. Nos sedimentos, todos os metais vestigiais foram registados abaixo do limite, em comparação com outros resultados científicos. Não foram encontradas diferenças significativas nas concentrações de metais pesados na água e nos sedimentos, tanto em termos espaciais como temporais, ao nível de significância ($p>0,05$).

Amostra de água

A concentração mais elevada de Fe (3,68 mg/l) foi registada durante a pré-monção, excedendo o limite admissível (0,2 mg/l) estabelecido pela União Europeia (1998) para a água potável e a concentração mais baixa foi encontrada (0,18 mg/l), que está abaixo do limite admissível (Tabela 8). Ozturk et al. (2009) encontraram uma quantidade semelhante de Fe no lago da barragem de Avsar e Balkis et al. (2010) encontraram uma concentração mais elevada na baía de Gokova, na Turquia. A quantidade média de chumbo registada (0,01 mg/l) foi inferior ao limite de deteção da OMS (1993) e da UE (1998). Este resultado é muito inferior ao de Ahmad et al. (2010), registado no rio Buriganga, mas semelhante ao resultado de Ayas et al. (2007).

Tabela 8. Concentrações de metais pesados (mg/l) na água durante as diferentes estações do ano em dois locais.

Sl. No.	Sample ID	Zn	Al	Cd	Pb	Cu	Ni	Fe	Mn	Cr	Co
01	WR-01, St-01	BDL	0.50	BDL	BDL	BDL	0.05	0.35	0.03	BDL	BDL
02	WR-02, St-02	BDL	0.48	BDL	BDL	BDL	0.06	0.18	0.02	BDL	BDL
03	WW-01, St-01	0.02	0.90	BDL	BDL	0.05	0.04	1.86	0.39	BDL	BDL
04	WW-02, St-02	BDL	0.75	BDL	BDL	BDL	0.30	0.96	0.05	BDL	BDL
05	WPRM-01, St-01	0.129	1.50	BDL	BDL	0.064	0.01	3.68	0.50	BDL	BDL
06	WPRM-02, St-02	0.046	0.98	BDL	BDL	BDL	0.20	1.69	0.20	0.73	BDL

WR= Estação chuvosa de água

WW= Água Estação de inverno

WPRM= Água Pré-Monção

A concentração de Cr foi encontrada (0,02 mg/l) (Quadro 8) muito abaixo do limite (0,05 mg/l) da OMS (1993) e da UE (1998) durante todas as estações, exceto na pré-monção. Begum et al. (2009) e Ahmad et al. (2010) registaram valores mais elevados de Cr. Além disso, Alam et al. (2003) referiram que foi encontrada uma concentração mais elevada de Cr na estação das chuvas (3-13 mg/l) do que na estação seca (1,2-8 mg/l). Khan et al. (1998) registaram concentrações mais elevadas de Cr na água do estuário do GBM (Ganges-Brahmaputra-Meghna).

A concentração média de Co foi medida em todas as amostras de água (0,009 mg/l) (Tabela 8), abaixo do limite de deteção. O Co é favorável à saúde, mas um nível excessivo de Co pode causar efeitos nos pulmões e no coração e dermatite (ATSDR, 2004).

Concentrações médias (mg/l) de metais pesados na água em dois locais apresentados na figura 2.

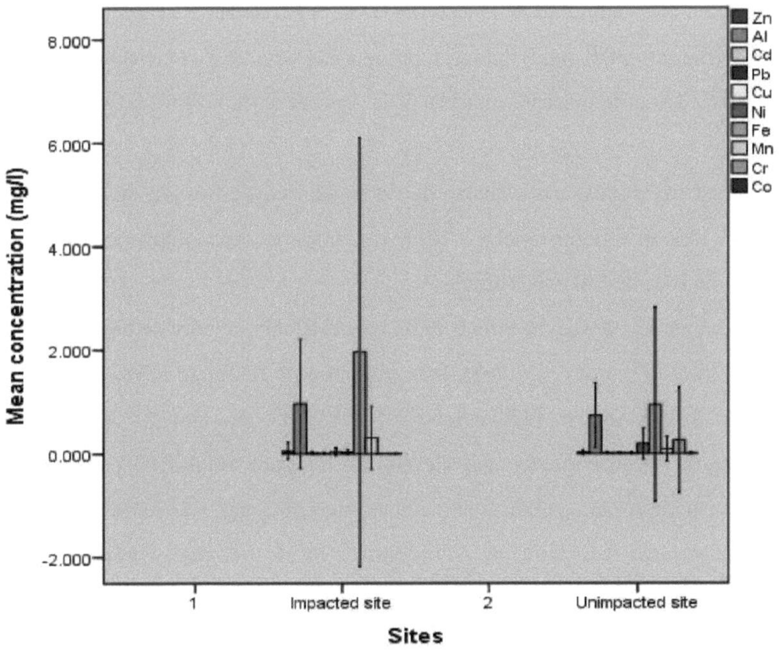

Figura 2. Gráfico com as concentrações médias (mg/l) de metais pesados em água em dois locais.

O valor médio de Cd registado (0,018 mg/l) foi inferior ao limite de deteção, mas superior à norma de água potável da OMS (1993) e da UE (1998). Resultados semelhantes foram registados por Ayas et al. (2007) em Nallihan Bird Paradise, Turquia e Alam et al.(2003) no rio Buriganga. Ahmed (1998) registou 0,018 e 0,007 mg/l de Cd na água da Reserva Florestal de Sundarban. Resultados semelhantes foram registados por Rao et al. (1985), Peterson et al. (1972) e Rojahn (1972) e Khan et al. (1998).

A concentração mais elevada de Mn foi registada (0,5 mg/l) na zona industrial poluída durante a pré-monção (Quadro 8), abaixo do limite admissível da UE (1998), e a concentração mais baixa foi registada em 0,02 mg/l na estação das chuvas. Balkis et al. (2010) registaram 0,2 mg/l na Baía de Gokova, Turquia, e Tankere et al. (2001) mediram 0,066-1,593 mg/l de Mn na coluna de água do Mar Negro.

Foi encontrada uma quantidade máxima de Ni (0,3 mg/l) no local afetado durante o inverno, que excedeu o limite permitido (0,02 mg/l) da OMS (1993) e da UE (1998). O valor mínimo de Ni foi encontrado (0,01 mg/l) durante a pré-monção (quadro 8). O resultado de Ahmad et al. (2010) excedeu o do presente estudo e o de Ayas et al. (2007) foi inferior ao limite de deteção.

O Zn foi encontrado (0,04 mg/l) abaixo do limite admissível (3 mg/l) da OMS (1993) em todas as estações, mas Balkis et al. (2010) registaram uma concentração mais elevada (4,9 mg/l) de Zn na Baía de Gokova, Turquia.

A concentração média de Cu encontrada (0,027 mg/l) é muito inferior ao limite admissível (2 mg/l) da OMS (1993) e da UE (1998). Esta concentração foi muito inferior à registada por Ahmad et al. (2010), Ahmed (1998) e Rao et al. (1985). As concentrações de Al variam entre (0,48-1,5 mg/l). A concentração mais elevada foi registada em 1,5 ml/l do local poluído durante a pré-monção, excedendo o limite admissível (0,2 mg/l) da OMS (1993) e da UE (1998). A quantidade mais baixa de Al encontrada foi de 0,48 mg/l durante a estação das chuvas na área intocada. Mas na água do mar, Balkis et al. (2010) encontraram 2 mg/l de Al.

As concentrações médias (mg/l) de metais pesados na água durante as três estações do ano são apresentadas na figura 3.

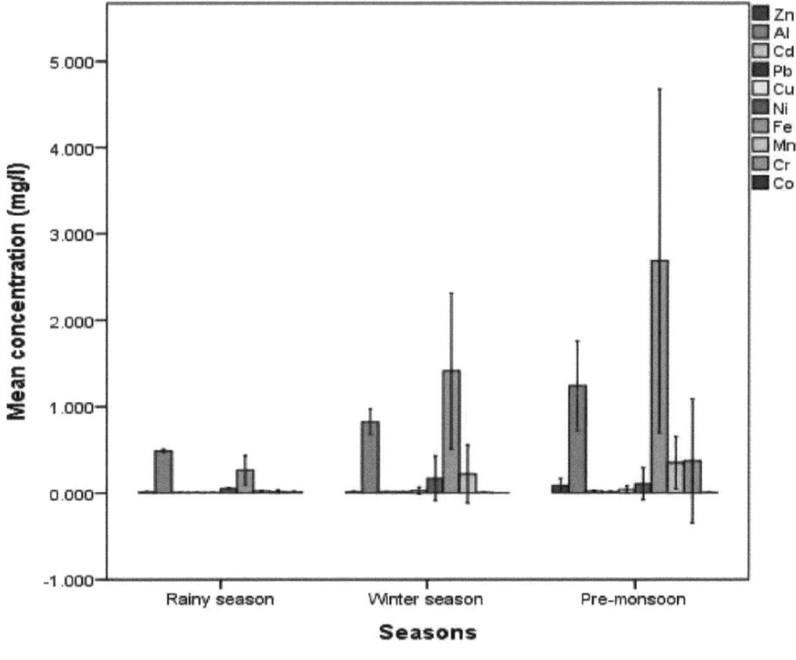

Figura 3. Gráfico que mostra as concentrações médias (mg/l) de metais pesados na água durante as três estações do ano.

Amostra de sedimentos

A concentração de Fe variou entre 737-2385 mg/kg (Quadro 9). O valor máximo registado foi de 2385 mg/kg no local afetado durante o inverno, valor inferior ao de Balkis et al. (2010) na Baía de Gokova, Turquia.

A concentração mais elevada de Pb foi registada (6,98 mg/kg) na zona industrial durante a estação de inverno (Quadro 9), o que é semelhante ao registado por Begum et al. (2009). Ahmad et al. (2010) relataram que o valor máximo de Pb (77,13 mg/kg) foi encontrado no rio Buriganga durante a pré-monção, mas uma quantidade mais elevada de Pb (52,9 g/g) foi registada por Topcuoglu et al. (2004). Enquanto Ayas et al. (2007) registaram um valor de Pb abaixo do limite de deteção em Nallihan Bird Paradise, Turquia; Khan et al. (1998) registaram

2,355- 26,086 mg/kg em sedimentos no estuário do Ganges Brahamputra-Meghna.

Tabela 9. Concentrações de metais pesados (mg/kg) nos sedimentos durante as diferentes estações do ano em dois locais.

Sl. No.	Sample ID	Fe	Pb	Cr	Co	Cd	Mn	Ni	Zn	Cu	Al
01	SR-01, St-01	737	6.75	2.69	0.59	BDL	40.75	0.82	5.75	4.90	122
02	SR-02, St-02	1165	2.35	1.27	0.20	BDL	18.03	0.47	7.92	3.20	185
03	SW-01, St-01	2385	6.98	6.81	0.86	0.53	90.26	5.68	156	29.10	320
04	SW-02, St-02	1778	2.73	1.86	0.81	BDL	53.50	1.12	5.41	3.60	190
05	SPRM-01, St-01	1065	5.10	2.42	0.27	BDL	46.50	0.84	9.96	3.10	145
06	SPRM-02, St-02	1047	5.18	1.47	0.67	BDL	51.10	0.72	4.72	3.90	178

SR= Sedimentos Estação das chuvas

SW= Sedimentos Estação de inverno

SPRM= Sedimento Pré-Monção

As concentrações de Cr variaram entre (1,27-6,81 mg/kg) (Quadro 9), tendo o valor mais elevado sido encontrado na zona industrial durante a estação de inverno. Este resultado foi inferior aos resultados de Ergul et al. (2008), Yucesoy e Ergin (1992) e Ahmad et al. (2010), mas superior aos resultados de Begum et al. (2009).

O valor máximo de Co foi registado (0,86 mg/kg) no local afetado durante a estação de inverno (Quadro 9), que é muito inferior aos resultados de Topcuoglu et al. (2004) e Balkis et al. (2007), mas o valor mínimo de Co foi (0,20 mg/kg) encontrado na zona pristina durante a estação das chuvas.

Concentrações médias (mg/kg) de metais pesados nos sedimentos em dois locais apresentados na figura 4.

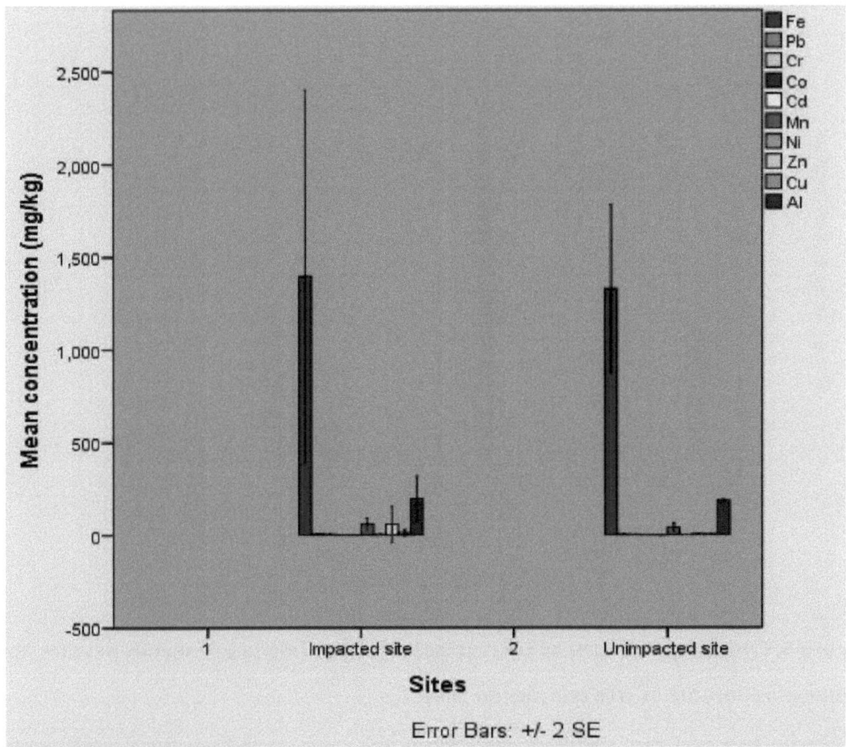

Figura 4. Gráfico que mostra as concentrações médias (mg/kg) de metais pesados nos sedimentos de dois locais.

As concentrações de Cd variaram entre (BDL-0,53 mg/kg) (Tabela 9) são bastante semelhantes aos resultados de Ergul et al. (2008), Balkis (2007), Ayas et al. (2007), Topcuoglu et al. (2004) e Yucesoy e Ergin (1992). Mas uma quantidade mais elevada de Cd foi encontrada por Ahmad et al. (2010) e Begum et al. (2009).

No presente estudo, as concentrações de Mn, Ni, Zn, Cu e Al são muito inferiores aos resultados registados por Balkis et al. (2010), Ergul et al. (2008), Balkis et al. (2007), Ayas et al. (2007), Topcuoglu et al. (2004) e Yucesoy e Ergin (1992).

As concentrações médias (mg/kg) de metais pesados nos sedimentos durante as três estações do ano são apresentadas na figura 5.

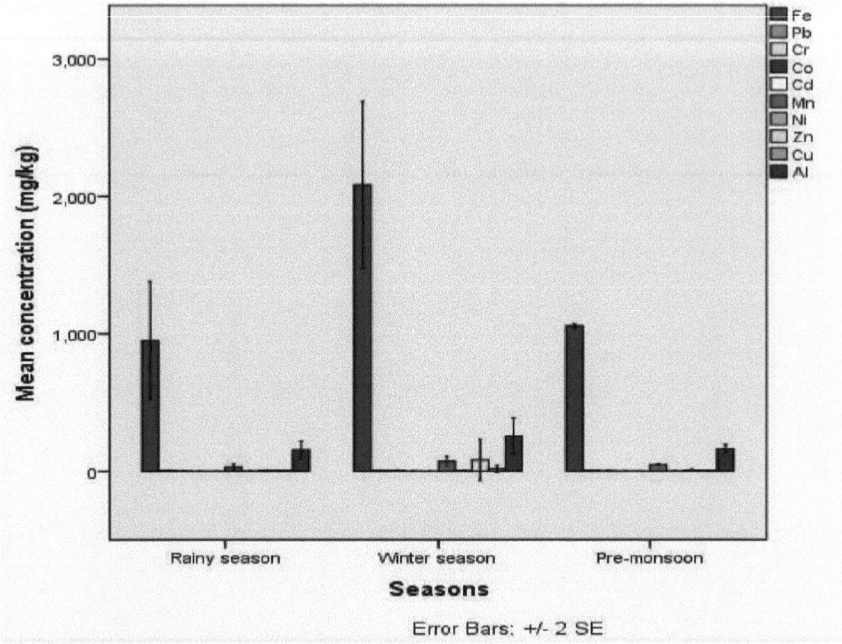

Figura 5. Gráfico que mostra as concentrações médias (mg/kg) de metais pesados nos sedimentos durante as três estações do ano.

Matriz de correlação

No ambiente aquático, a inter-relação entre os metais na água e no sedimento forneceu informações significativas sobre as fontes e os caminhos das variáveis (metais pesados). O resultado das correlações entre metais pesados está de acordo com os resultados de PCA e CA que confirmam algumas novas relações entre parâmetros. A correlação muito forte, forte e moderada indica que as suas fontes de origem são semelhantes, especialmente a partir de efluentes industriais, resíduos municipais e insumos agrícolas.

Matriz de correlação de metais pesados na água

No caso da água, foi encontrada uma relação linear muito forte em Fe vs Al (0,992), Mn vs Cu (0,948), Fe vs Mn (0,939), Zn vs Al (0,929), Fe vs Zn (0,920) ao nível de significância de 0,05. Foram observadas relações fortes em Cu vs Al (0,794), Mn vs Zn (0,788), Cu vs Zn

(0,732) ao nível alfa 0,01. Foi encontrada uma relação linear muito forte entre Fe e Cu (0,861) e forte entre Mn e Al (0,895) ao nível de significância de 0,01.

Matriz de correlação de metais pesados em sedimentos

Nos sedimentos, foram encontradas relações lineares muito fortes em Cd vs Zn (0,999), Cd vs Cu (0,998), Zn vs Cu (0,996), Cd vs Ni (0,995), Ni vs Cu (0,994), Ni vs Zn (0,993), Cr vs Ni (0.972), Cr vs Cu (0,971), Cr vs Zn (0,966), Cr vs Cd (0,965), Fe vs Al (0,928), Cd vs Al (0,925), Zn vs Al (0,921), Ni vs Al (0,918), Fe vs Cu (0,808), Cr vs Al (0,803) ao nível de significância de 0,05. Foram observadas relações fortes em Co vs Mn (0,784), Fe vs Mn (0,779), Mn vs Al (0,763), Fe vs Cr (0,739), Pb vs Cr (0,677), Fe vs Co (0,617), Pb vs Mn (0,612) ao nível de significância de 0,05. Além disso, foram observadas correlações moderadas em Co vs Ni (0,583), Pb vs Cu (0,571), Co vs Cu (0,549), Pb vs Ni (0,540), Pb vs Cd (0,535), Co vs Al (0,533), Pb vs Zn (0,531), Cr vs Co (0,522), Co vs Cd (0,522) ao nível alfa 0,05. Além disso, foram encontradas relações lineares muito fortes entre Cu e Al (0,909), Mn e Ni (0,882), Cr e Mn (0,860), Fe e Ni (0,853), Mn e Cu (0,845), Cd e Mn (0,840), Mn e Zn (0,833), Fe e Cd (0,826), Fe e Zn (0,823) ao nível alfa 0,01.

Análise de componentes principais

O método de extração foi executado para descobrir os componentes principais (PC) na análise PCA que eram valores Eigen. Na água, os componentes foram considerados como componentes principais cujos valores Eigen eram superiores a 1. Foram extraídos 3 PCs utilizando a matriz de correlação que reflecte os processos que influenciam a composição dos metais pesados, com 92,72 % da variância total da amostra (Quadro 10). A variância total dos PCs foi de 2,22%, 22,22% e 81,44% para PC 1, PC 2 e PC 3, respetivamente. O PC 1 está fortemente correlacionado com Fe, Pb, Mn, Cu, Al e o PC 2 com Cd. O PC 3 está também fortemente correlacionado com o Cr. A fonte de PC 1, PC 2 e PC 3 pode ser deliberada como uma fonte diferente de entradas litogénicas e antropogénicas.

Tabela 10. Matriz de componentes do modelo de três factores com cargas fortes a moderadas na água e nos sedimentos.

Water				Sediment			
Eigenvalues (1)	Component			Eigenvalues (0.6)	Component		
	PC 1	PC 2	PC 3		PC 1	PC 2	PC 3
Fe	0.929	-0.338	0.123	Ni	0.995		
Pd	0.934	0.189	-0.061	Cu	0.985		-0.151
Cr	-0.130	0.011	0.976	Cd	0.983		-0.176
Co	0.687	0.666	0.015	Zn	0.979		-0.200
Cd	0.068	0.945	0.241	Cr	0.961	0.175	-0.155
Mn	0.969	-0.070	0.161	Mn	0.919	0.129	0.284
Ni	-0.566	-0.594	0.197	Al	0.913	-0.361	
Zn	0.844	-0.412	-0.018	Fe	0.859	-0.480	0.117
Cu	0.975	0.089	-0.117	Pd	0.555	0.830	
Al	0.877	-0.447	0.144	Co	0.657		0.738
Eigen value	5.921	59.214	59.214	Eigen value	7.963	79.633	79.633
% Total variance	2.222	22.220	81.435	% Total variance	1.101	11.011	90.645
Cumulative %	1.129	11.289	92.723	Cumulative %	0.774	7.736	98.380

No sedimento, os componentes foram considerados como componentes principais cujos valores Eigen eram superiores a 0,6. Foram extraídos 3 PCs utilizando a matriz de correlação que reflecte os processos que influenciam a composição dos metais pesados, com 98,38 % da variância total da amostra (Tabela 10). A variância total dos PCs foi de 1,1 %, 11,01 % e 90,65 % para PC 1, PC 2 e PC 3, respetivamente. O PC 1 está fortemente correlacionado com Ni, Cu, Cd, Zn, Cr, Mn, Al, Fe, Co e o PC 2 com Pd. O PC 3 também está fortemente correlacionado com o Co. A fonte de PC 1, PC 2 e PC 3 pode ser considerada como uma fonte mista proveniente de entradas antropogénicas, particularmente de efluentes industriais e actividades agrícolas na área de estudo.

5. METAIS PESADOS NO RIO HALDA

Materiais e métodos

Locais de amostragem

O presente estudo foi realizado no rio Halda, que se situa entre 22°25'13"- 22°48'51.37 "N e 91°45'00"- 91°52'33 "E. As carpas principais indianas desovam naturalmente, o que faz deste rio um património único deste país (Tsai et al. 1981; Patra e Azadi 1985; Kabir et al. 2013). A maioria dos pescadores costumava recolher ovos fertilizados (Ali et al. 2010) Rohu (*Labeo rohita*), Katla (*Gibelion catla*) e Mrigal (*Cirrhinus cirrhosus*) do rio Halda (Tsai et al. 1981). Os alevins de Halda são, na sua maioria, resistentes a doenças, não têm consanguinidade, têm uma elevada taxa de sobrevivência e são capazes de viver em condições de stress (Kabir et al. 2013). As fábricas de papel asiáticas, a fábrica de fiação PHP, as centrais eléctricas de colheita de Hathazari, o campo de tijolos local, etc. são as principais fontes de poluição terrestre do rio Halda. Mondakini, Madari, Cheng khali e Khondakia, localizados entre Nazirhat e Baluchara, ao longo da margem do rio Halda, são as principais vias de descarga responsáveis pela poluição do rio Halda.

As amostras foram recolhidas em Kalurghat e Modhunaghat do rio Halda (Fig. 6).

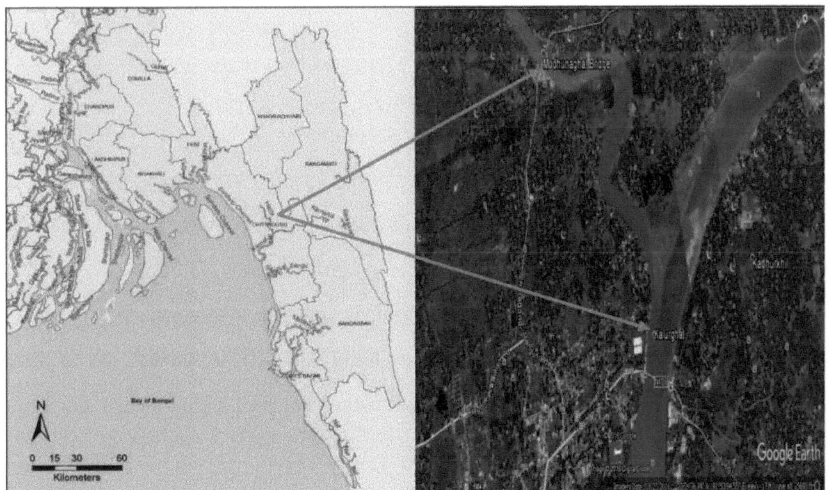

Figura 6. Mapa com os pontos de amostragem do rio Halda.

Recolha e preservação de amostras

Após a seleção dos pontos de amostragem, foi recolhido um total de 24 amostras (12 amostras de água e 12 amostras de sedimentos). 12 amostras de água e 12 amostras de sedimentos foram recolhidas em zonas industriais afectadas e em zonas não afectadas (a 25 km de distância da zona industrial). Foram recolhidos 2 litros de amostras de águas superficiais. As amostras de sedimentos foram recolhidas do leito do rio através do método de agarrar (Shanbehzadeh et al. 2014). Imediatamente após a recolha, a amostra de água acidificada com ácido nítrico (PH = 2) foi transferida para o laboratório do Conselho de Investigação Científica e Industrial do Bangladesh (BCSIR), em Chittagong.

Determinação de metais pesados

Os teores de metais pesados da água e dos sedimentos recolhidos foram determinados por AAS (modelo iCE 3300, Thermo Scientific, concebido no Reino Unido, fabricado na China) utilizando um procedimento analítico normalizado.

Tabela 11. Linhas espectrais utilizadas nas medições das emissões e limite de deteção instrumental para os elementos medidos por AAS.

Elements	Wavelength (nm)	Instrumental detection limit (mg/l)
Hg	253.7	
Pd	217.0	0.013
Cr	357.9	0.0054
Co	240.7	0.01
Cd	228.8	0.0028
Mn	279.5	0.0016
Ni	232.0	0.008
Zn	213.9	0.0033
Cu	324.8	0.0045
Al	309.3	0.028

As amostras foram manuseadas cuidadosamente para evitar a contaminação. O material de vidro foi devidamente limpo com ácido crómico e água destilada. Durante o estudo, foram utilizados produtos químicos e reagentes de qualidade analítica. As determinações em branco dos reagentes foram utilizadas para corrigir as leituras dos instrumentos. As técnicas de preparação das amostras, de preparação dos padrões e de análise dos metais são descritas sucintamente a seguir.

Preparação da amostra (sedimento)

Este procedimento foi também utilizado para a destruição da matéria orgânica. Devem ser tomadas precauções para evitar perdas por volatilização de elementos. As amostras foram pesadas com precisão numa quantidade adequada (10 a 20 g) numa placa de sílica tarada. Em seguida, as amostras foram secas a 120°C numa estufa de laboratório. Estas placas foram então colocadas na mufla à temperatura ambiente e a temperatura foi lentamente aumentada para 450°C a uma velocidade não superior a 50°C/h. As amostras foram incendiadas num forno Muffle. As amostras foram inflamadas numa mufla a 450°C durante pelo menos 8 horas. Depois de as amostras arrefecerem, as placas foram retiradas do forno. Em seguida, as amostras de sedimentos foram digeridas na quantidade desejada de ácido nítrico a 50% numa placa quente. Em seguida, as amostras foram filtradas para um balão volumétrico de 100 ml com papel de filtro Whatman n.º 44 e o resíduo foi lavado. Cada solução de amostra foi completada até à marca com água destilada.

Preparação da amostra (água)

Foram recolhidos 100 ml de água de cada amostra de água num copo. Em seguida, as amostras foram digeridas com a adição de 5 ml de HNO3 conc. numa placa de aquecimento. Em seguida, as amostras foram filtradas para um balão volumétrico de 100 ml com papel de filtro Whatman n.º 44 e completadas com água destilada até à marca.

Preparação padrão

Cada solução padrão de metal foi preparada para calibrar o instrumento para cada elemento a ser determinado no mesmo dia em que as análises foram efectuadas devido à possível deterioração do padrão com o tempo. Todas as amostras foram preparadas a partir de produtos químicos de qualidade analítica com água destilada. 1 g de Cd, Cu, Pb, Ni foi dissolvido em solução de HNO3; 1 g de Co, Fe, Mn, Zn, Al foi dissolvido em solução de HCl; 2,8289 g de K2Cr2O7 (=1 g de Cr) foi dissolvido em água e completado até 1 litro num balão volumétrico com água destilada, preparando-se assim uma solução de reserva de 1000 mg/l de Cd, Cu, Pb, Ni, Co, Fe, Mn, Zn, Al e Cr. (Cantle 1982). Em seguida, foram preparados 100 ml de padrões de trabalho de 0,1, 0,25, 0,5, 0,75, 1,0 e 2,0 mg/l de cada metal, com exceção do ferro, a partir destes padrões, utilizando micropipetas em 5 ml de ácido nítrico 2N.

Foram preparados 100 ml de 2,0, 2,5, 5,0, 10,0 e 20,0 mg/l de padrões de trabalho de ferro metálico a partir da solução-mãe de ferro. O branco do reagente foi preparado da mesma forma que a preparação da amostra, sem a amostra, para evitar a contaminação dos reagentes.

Análise da amostra

O instrumento de absorção atómica foi montado e as condições da chama e a absorvância foram optimizadas para a substância a analisar. Em seguida, o branco (água desionizada), os padrões, o branco da amostra e as amostras foram aspirados para a chama do AAS (modelo iCE 3300, Thermo Scientific, concebido no Reino Unido, fabricado na China). As curvas de calibração obtidas para a concentração vs. absorvância. Os dados foram analisados estatisticamente utilizando o ajuste da linha reta pelo método dos mínimos quadrados. Foi também efectuada uma leitura em branco, tendo sido feitas as correcções necessárias durante o cálculo da concentração dos vários elementos.

Análise estatística

Foi efectuada uma análise de variância unidirecional (ANOVA) para mostrar as variações na concentração de metais pesados em termos de estações e locais. Foi utilizado o gráfico GGraph para a apresentação gráfica dos metais pesados em função das estações e dos locais. De acordo com Dreher (2003), a análise de componentes principais (PCA) foi efectuada no conjunto de dados original (sem qualquer ponderação ou normalização). A matriz de correlação do momento do produto de Pearson foi efectuada para identificar a relação entre os metais, de modo a tornar mais forte o resultado obtido da análise multivariada.

Resultados e discussão

Os resultados obtidos no presente estudo expuseram que as concentrações de Pb, Cd, Cr, Cu,

Hg, Al, Ni, Co, Zn, Mn na água se encontravam acima do limite permitido estabelecido pela OMS (2004), USEPA (2006), EPA (2002), EPA (1986) e ECR (1997), com exceção do Cu e do Co. Nos sedimentos, a concentração de Pb, Cu, Al, Ni, Co, Zn, Mn excedeu o limite permitido estabelecido pela OMS (2008), USEPA (1999) e FAO (1985), embora a concentração de Cd, Cr, Hg tenha sido encontrada abaixo do limite permitido.

Amostra de água

A quantidade de Pb foi registada entre BDL-0,1 mg/l no presente estudo. A concentração mais elevada foi de 0,1 mg/l em Kalurghat durante a estação pós-monção (Quadro 12). Este resultado está acima do limite admissível estabelecido pela OMS (2004), USEPA (2006), EPA (2002) e ECR (1997) (Quadro 13). Aderinola et al. (2009) encontraram 0,26 mg/l Pb na Lagoa de Lagos. 1,12 mg/l Pb foi registado por Shanbehzadeh et al. (2014) a montante do rio Tembi. Ahmad et al. (2010) registaram uma concentração de Pb de 0,07 mg/l no rio Buriganga e Ali et al. (2016) registaram 0,01 mg/l no rio Karnaphuli. Faisal et al. (2014) registaram 1,26 mg/l na água do rio na zona industrial de Savar. Além disso, Hassan et al. (2015) encontraram a concentração de Pb abaixo do limite de deteção do rio Meghna, Bangladesh. A concentração mais baixa, 0,01 mg/l, foi registada em Belanagor durante a estação das monções (Quadro 12).

Quadro 12. Concentração de metais pesados (mg/l) na água do rio Halda.

	Seasons	Pb	Cd	Cr	Cu	Hg	Al	Ni	Co	Zn	Mn
Kalurghat	Pre-Monsoon	BDL	0.2	BDL	0.12	0.01	4.2	0.55	BDL	0.2	0.04
Modhunaghat		BDL	BDL	BDL	0.13	BDL	5.2	0.61	BDL	0.35	0.2
Kalurghat	Monsoon	BDL	BDL	BDL	0.05	BDL	11.2	0.03	BDL	0.3	0.05
Modhunaghat		BDL	BDL	0.12	0.06	BDL	11.9	0.04	0.03	0.48	0.28
Kalurghat	Post- Monsoon	0.1	BDL	BDL	0.1	BDL	4.5	0.6	BDL	0.3	0.06
Modhunaghat		BDL	BDL	BDL	0.15	BDL	5.4	0.62	BDL	0.48	0.3

A concentração de Cd variou entre BDL-0,20 mg/l (Quadro 12). A quantidade máxima de Cd foi registada (0,20 mg/l) acima do limite tolerável estabelecido pela USEPA (2006) e ECR (1997) (Quadro 13). Ahmad et al. (2010) encontraram 0,009 mg/l de Cd na água do rio

Buriganga. Aderinola et al. (2009) encontraram 0,35 mg/l Cd na Lagoa de Lagos. Shanbehzadeh et al. (2014) registaram 0,17 mg/l de Cd a montante do rio Tembi. Ali et al. (2016) registaram 0,008 mg/l de Cd numa amostra de água do rio Karnaphuli, no Bangladesh. Mokaddes et al. (2013) registaram concentrações mais elevadas de Cd no rio Buriganga, no rio Turag, no rio Balu, no rio Meghna e no rio Shitalakshiya do que os presentes resultados. Hassan et al. (2015) encontraram uma concentração de Cd de 0,0030 mg/l no rio Meghna, no Bangladesh. Resultados mais ou menos semelhantes foram encontrados por Rao et al. (1985), Peterson et al. (1972) e Rojahn (1972) e Khan et al. (1998).

A concentração de Cr no presente estudo foi encontrada entre BDL-0,12 mg/l. A quantidade mais elevada registada foi de 0,12 mg/l, que excedeu o limite permitido estabelecido pela OMS (2004), USEPA (2006) e ECR (1997) (Tabela 13). Ali et al. (2016) encontraram 0,08 mg/l Cr no rio Karnaphuli. Ahmad et al. (2010) registaram 0,59 mg/l de Cr no rio Buriganga. Shanbehzadeh et al. registaram 0,19 mg/l de Cr.

(2014) na zona a montante do rio Tembi. Além disso, Alam et al. (2003) referiram que foi encontrada uma concentração mais elevada de Cr na estação das chuvas (3-13 mg/l) do que na estação seca (1,2-8 mg/l). Faisal et al. (2014) documentaram 0,13 mg/l de água de rio na zona industrial de Savar. Khan et al. (1998) registaram concentrações mais elevadas de Cr na água do estuário do GBM (Ganges-Brahmaputra-Meghna), sendo ambos os valores superiores aos do presente estudo.

Ahmed (1998) relatou que a quantidade mais baixa de Cu variava entre 0,05 e 0,15 mg/l na água. No presente estudo, foi encontrada uma concentração máxima de Cu (0,15 mg/l) muito abaixo do limite admissível estabelecido pela OMS (2004), EPA (2002), EC (1998) e ECR (1997) (Tabela 13). Aderinola et al. (2009) encontraram 0,20 mg/l Cu na Lagoa de Lagos. 0,47 mg/l Cu foi registado por Shanbehzadeh et al. (2014) a montante do rio Tembi. Estas concentrações são inferiores às registadas por Ahmad et al. (2010) e Rao et al. (1985). Mokaddes et al. (2013) registaram concentrações de Cu inferiores às do presente resultado no rio Buriganga, no rio Turag, no rio Balu, no rio Meghna e no rio Shitalakshiya.

A Agência de Proteção do Ambiente dos EUA sugeriu que uma concentração de Hg inferior a 5,8 ng/mL é considerada segura (Choi et al. 1981; Ballatori e Clarkson, 1985). Enquanto a OMS (ASTDR, 1999) indicou que uma concentração aceitável de Hg no cabelo humano é inferior a 6 gg g. No presente estudo, a concentração de Hg variou entre BDL-0,01 mg/l (Quadro 12). A concentração mais elevada, 0,01 mg/l, foi encontrada acima do limite estabelecido pela OMS (2004), ECR (1997) e USEPA (2006) (Quadro 13).

Tabela 13. Concentrações de metais pesados (mg/l) em água doce e sua comparação com padrões internacionais.

Heavy metals	ECR, 1997	WHO, 2004	USEPA, 2006	EC, 1998	EPA, 1986	EPA, 2002	Present study
Pb	0.05	0.01	0.0025	10	-	0.05	0.03
Cd	0.005	-	0.0025	5	-	0.01	0.04
Cr	0.05	0.05	0.1	-	-	-	0.03
Cu	1	2	0.013	2	-	1.3	0.10
Hg	0.001	0.001	0.002	-	-	-	0.001
Al	0.2	-	-	-	-	-	7.06
Ni	0.1	0.02	-	20	-	-	0.41
Co	-	-	-	-	-	-	0.01
Zn	5	-	0.12	-	5	-	0.35
Mn	0.1	0.4	-	-	0.1	-	0.16

As concentrações de Al variaram entre (4,2-11,9 mg/l). A concentração mais elevada foi registada em Modhunaghat, com 11,9 mg/l, durante a monção. Todas as concentrações de metais excederam o limite admissível (0,2 mg/l) estabelecido pela ECR (1997) (Quadro 13). A quantidade mais baixa de Al encontrada foi de 4,2 mg/l durante a estação pré-monção em Kalurghat. Balkis et al. (2010) encontraram 2 mg/l de Al na Baía de Gokova, Turquia.

A quantidade de Ni variou entre 0,03-0,62 mg/l na área de estudo (Quadro 12). A quantidade máxima de Ni foi encontrada (0,62 mg/l) em Modhunaghat durante a estação pós-monção, excedendo o limite permitido estabelecido pela OMS (2004) e ECR (1997) (Quadro 13). Foi encontrado um valor mínimo de Ni (0,03 mg/l) em Kalurghat durante a monção. Ahmad et al. (2010) registaram 0,0088 mg/l no rio Buriganga. Aderinola et al. (2009) encontraram 0,14 mg/l Ni na Lagoa de Lagos. Shanbehzadeh et al. (2014) registaram 0,48 mg/l de Ni a montante do rio Tembi. Faisal et al. (2014) registaram 1,53 mg/l na água do rio na zona industrial de Savar.

As concentrações médias (mg/l) de metais pesados na água durante as três estações do ano são apresentadas na figura 7.

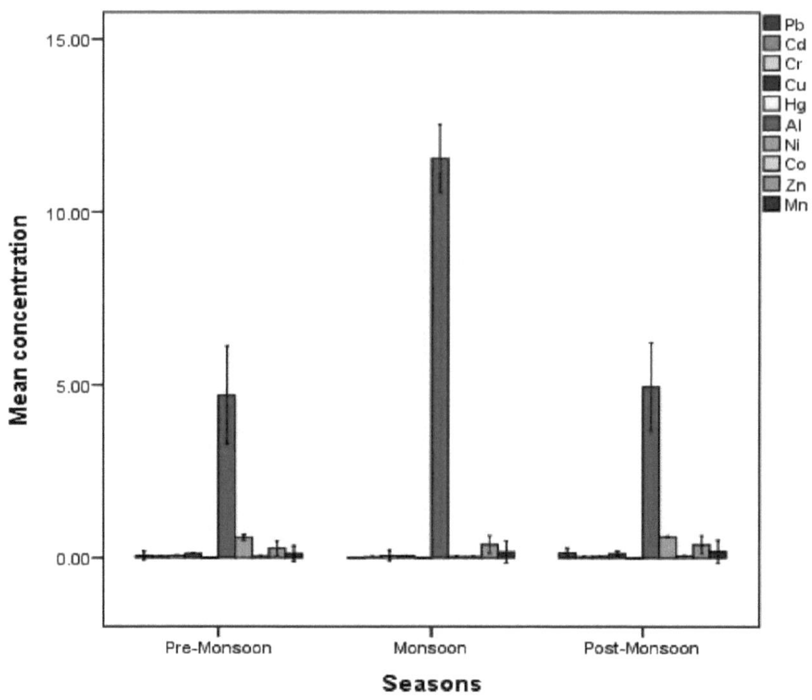

Figura 7. Gráfico com as concentrações médias (mg/l) de metais pesados em água durante três estações.

A concentração de Co foi medida entre BDL-0,03 mg/l na área de estudo. O Co é favorável à saúde, mas um nível excessivo de Co pode provocar efeitos nos pulmões e no coração e dermatite (ATSDR, 2004).

O Zn foi encontrado entre 0,2-0,48 mg/l. A concentração mais elevada foi registada em Modhunaghat, com 0,48 mg/l, durante a monção e a pós-monção (Quadro 12). Esta quantidade excedeu o limite estabelecido pela USEPA (2006), mas é inferior ao limite estabelecido pela ECR (1997) e pela EPA (1986). Balkis et al. (2010) registaram 4,9 mg/l de Zn na Baía de Gokova, Turquia. Hassan et al. (2015) registaram a concentração de Zn de 0,0311 mg/l no rio Meghna, Bangladesh. Aderinola et al. (2009) encontraram 0,53 mg/l de Zn na Lagoa de Lagos. 0,20 mg/l Zn foi registado por Shanbehzadeh et al. (2014) a montante do rio Tembi.

A concentração de Mn variou entre 0,05-0,28 mg/l. A concentração mais elevada de Mn foi registada (0,28 mg/l) em Modhunaghat durante a monção, acima do limite admissível estabelecido pela OMS (2004), ECR (1997) e EPA (1986) (Tabela 13). Aderinola et al. (2009) encontraram 0,09 mg/l Mn na Lagoa de Lagos. Shanbehzadeh et al. (2014) registaram 0,45 mg/l de Mn a montante do rio Tembi. Esta concentração também é superior ao valor registado por Mokaddes et al. (2013) no rio Buriganga, no rio Turag, no rio Balu, no rio Meghna e no rio Shitalakshiya. Hassan et al. (2015) registaram a concentração de Mn de 0,00854 mg/l no rio Meghna, Bangladesh. Balkis et al. (2010) registaram 0,2 mg/l na Baía de Gokova, Turquia. Tankere et al. (2001) mediram 0,066-1,593 mg/l de Mn na coluna de água do Mar Negro. Concentrações médias (mg/l) de metais pesados na água em dois locais apresentados na figura 8.

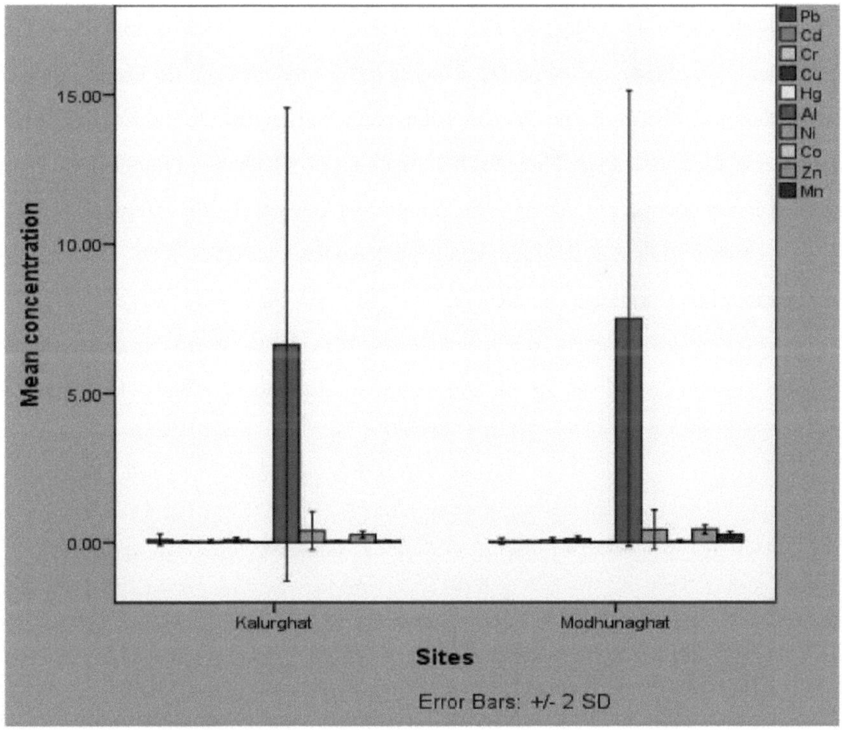

Figura 8. Gráfico que mostra as concentrações médias (mg/l) de metais pesados na água em dois locais de amostragem.

Análise de Variância (ANOVA) em Água

Foram encontradas variações significativas nas concentrações de alumínio e níquel em termos de estações do ano ($p<0,05$). No entanto, não se registaram variações significativas ($p>0,05$) nos níveis de crómio, cobre, chumbo, cádmio, mercúrio, cobalto, zinco e manganês na água. Além disso, foram registadas variações predominantes ($p<0,05$) nas concentrações de zinco e manganês em função dos locais ($p>0,05$).

Amostra de sedimentos

A concentração de Pb variou entre 6,2-15 mg/kg. A concentração mais elevada de Pb registada foi de 15 mg/kg em Modhunaghat durante a monção (quadro 14). Este resultado está acima do limite estabelecido pela FAO (1985), mas é inferior ao limite estabelecido pela USEPA (1999). Aderinola et al. (2009) encontraram 0,45 mg/kg de Pb na lagoa de Lagos. Shanbehzadeh et al. (2014) registaram 182,5 mg/kg de Pb a montante do rio Tembi. Ali et al. (2016) registaram 43,685 mg/kg de Pb no rio Karnaphuli, no Bangladesh. Hassan et al. (2015) registaram uma concentração de Pb de 9,4702 mg/kg no rio Meghna, no Bangladesh. Islam et al. (2014) encontraram 28,36 mg/kg no rio Shitalakhya. Banu et al. (2013) registaram 32,78 mg/kg no rio Turag. Ahmad et al. (2010) relataram que o valor máximo de Pb (77,13 mg/kg) foi encontrado no rio Buriganga durante a pré-monção. Uma quantidade mais elevada de Pb (52,9 mg/kg) foi registada por Topcuoglu et al. (2004). Khan et al. (1998) registaram valores de Pb entre 2,355 e 26,086 mg/kg em sedimentos no estuário do Ganges Brahamputra-Meghna.

Quadro 14. Concentração de metais pesados (mg/kg) nos sedimentos do rio Halda.

Parameters/Sites	Seasons	Pb	Cd	Cr	Cu	Hg	Al	Ni	Co	Zn	Mn
Kalurghat	Pre-Monsoon	6.3	BDL	5.7	4.7	BDL	7501.0	12.7	3.4	17.3	82
Modhunaghat		7.0	BDL	4.71	4.1	BDL	8200.0	11.3	3.1	15.8	77
Kalurghat	Monsoon	11	BDL	15.1	9.25	BDL	12,700.0	25	8.7	135	245
Modhunaghat		15	BDL	16.8	9	BDL	11,700.0	22.5	7.6	275	269
Kalurghat	Post- Monsoon	6.2	0.1	5.8	4.5	BDL	7,500.0	12.8	3.5	17.5	85
Modhunaghat		7.1	BDL	4.95	3.9	BDL	8,300.0	11.5	3.2	16.9	79

As concentrações de Cd variaram entre BDL-0,1 mg/kg (Quadro 14). Os resultados são inferiores ao limite admissível estabelecido pela OMS (2004) e pela USEPA (1999) (quadro 15). Estes resultados são mais ou menos semelhantes aos resultados registados por Ergul et al. (2008), Balkis (2007), Ayas et al. (2007), Topcuoglu et al. (2004) e Yucesoy e Ergin (1992). Uma quantidade mais elevada de Cd do que a do presente estudo foi encontrada por Islam et al. (2015) (1,20 mg/kg), Islam et al. (2014) (5,01 mg/kg), Ahmed et al. (2012) (2,08 mg/kg) e Ahmad et al. (2010) (3,33 mg/kg). Aderinola et al. (2009) encontraram 1,15 mg/kg de Cd na Lagoa de Lagos. 14,5 mg/kg de Cd foram registados por Shanbehzadeh et al. (2014) a montante do rio Tembi.

As concentrações de Cr variaram entre 4,95-16,8 mg/kg, tendo o valor mais elevado, 16,8 mg/kg, sido encontrado em Modhunaghat durante a estação das monções. A concentração de Cr é inferior ao limite permitido estabelecido pela OMS (2004) e pela USEPA (1999) (Quadro 15), mas excede o limite estabelecido pela OMS (2008) e pela FAO (1985). Aderinola et al. (2009) encontraram 0,62 mg/kg de Cr na Lagoa de Lagos. Shanbehzadeh et al. (2014) registaram 167 mg/kg de Cr a montante do rio Tembi. Estes resultados foram muito inferiores aos resultados encontrados por Ali et al. (2016), Islam et al. (2015c3), Hassan et al. (2015), Islam et al. (2015a), Islam et al. (2015c), Islam et al. (2014), Rahman et al. (2014), Banu et al. (2013), Ahmed et al. (2012), Saha e Hossain (2011), Ahmad et al. (2010), Liu et al. (2009), Ergul et al. (2008), Singh et al. (2005), Datta e Subramanian (1998) e Yucesoy e Ergin (1992). Embora o resultado do presente estudo tenha sido mais elevado do que os resultados registados por Begum et al. (2009).

Quadro 15. Comparação dos valores observados de metais pesados nos sedimentos do rio Brahmaputra Antigo com as normas internacionais.

Heavy metals	WHO, 2008	WHO, 2004	USEPA, 1999	FAO, 1985	Present study
Pb	-	-	40	5	8.80
Cd	-	6	0.6	-	0.04
Cr	0.05	25	25	0.1	8.84
Cu	-	-	-	0.2	5.90
Hg	-	-	-	-	0.001
Al	-	-	-	5	9316.83
Ni	-	20	16	0.2	15.97
Co	0.05	-	-	0.05	4.92
Zn	5.0	123	110	2	79.58
Mn	0.5	-	30	0.2–10	139.5

A concentração de Cu variou entre 3,9-9,25 mg/kg (Quadro 14). O valor máximo registado foi de 9,25 mg/kg em Kalurghat durante a estação das monções. Estes resultados excederam o limite admissível estabelecido pela FAO (1985) (quadro 15). Ahmad et al. (2010) registaram 27,85 mg/kg de Cu no rio Buriganga. Aderinola et al. (2009) encontraram 0,60 mg/kg de Cu na Lagoa de Lagos. 51,5 mg/kg Cu foi registado por Shanbehzadeh et al. (2014) a montante do rio Tembi.

A concentração de Hg foi registada abaixo do limite de deteção em todas as amostras de sedimentos durante todas as estações.

A concentração de Al variou entre 7500-12700 mg/kg na zona de estudo (Quadro 14). A quantidade mais elevada foi registada em Kalurghat (12700 mg/kg) durante a monção. A quantidade mais baixa foi registada em 7500 mg/kg em Kalurghat durante a estação pós-monção (quadro 14). Tanto a concentração mais baixa como a mais alta de Al estão muito acima do limite admissível estabelecido pela FAO (1985) (Quadro 15). Normalmente, o nível de concentração de Al nos principais sedimentos é de 9 000-94 000 mg/kg e de 700-300 000 (mediana 71 000) mg/kg nos solos (ATSDR, 1999; Bowen, 1979; IPCS, 1997; Sanei et al. 2001).

As concentrações médias (mg/kg) de metais pesados nos sedimentos durante as três estações do ano são apresentadas na figura 9.

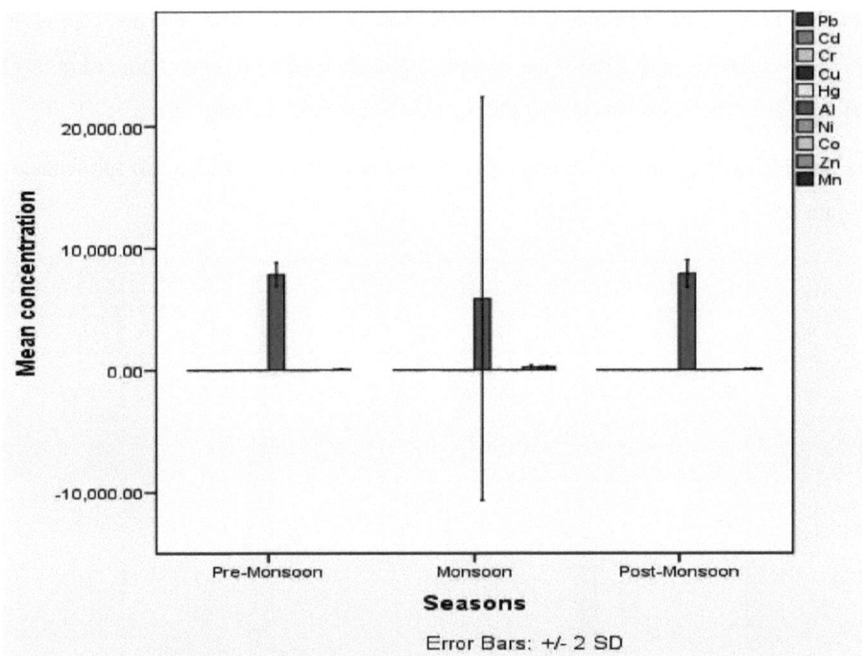

Figura 9. Gráfico que mostra as concentrações médias (mg/kg) de metais pesados nos sedimentos durante as três estações do ano.

Verificou-se que a quantidade de Ni variava entre 11,3-22,5 mg/kg (quadro 14). O valor máximo de 22,5 mg/kg foi registado em Modhunaghat durante a monção. Esta concentração estava acima do limite permitido estabelecido pela OMS (2004), USEPA (1999) e FAO (1985) (Quadro 15). Enquanto o valor mínimo de 11,3 mg/kg foi encontrado em Modhunaghat durante a pré-monção (Quadro 14). Aderinola et al. (2009) encontraram 0,87 mg/kg de Ni na Lagoa de Lagos. Shanbehzadeh et al. (2014) registaram 87,75 mg/kg de Ni a montante do rio Tembi. Ahmad et al. (2010) registaram 200,45 mg/kg no rio Buriganga. Hassan et al. (2015) registaram 76,116 mg/kg no rio Meghna, no Bangladesh. Os presentes resultados são inferiores aos resultados encontrados por Islam et al. (2015) (95 mg/kg), Islam et al. (2014) (39,22 mg/kg) e Rahman et al. (2014) (25,67 mg/kg).

No presente estudo, as concentrações de Co situaram-se entre 3,1-8,7 mg/kg (quadro 14). A quantidade mais elevada foi registada em Kalurghat, durante a monção, com 8,7 mg/kg. A quantidade mais baixa foi registada em Modhunaghat durante a pré-monção (Quadro 14).

Estes resultados são mais ou menos semelhantes aos resultados encontrados por Topcuoglu et al. (2004) e Balkis et al. (2007). As concentrações actuais excederam o limite admissível (0,05 mg/kg) estabelecido pela OMS (2008) e pela FAO (1985) (quadro 15).

Concentrações médias (mg/kg) de metais pesados nos sedimentos em dois locais apresentados na figura 10.

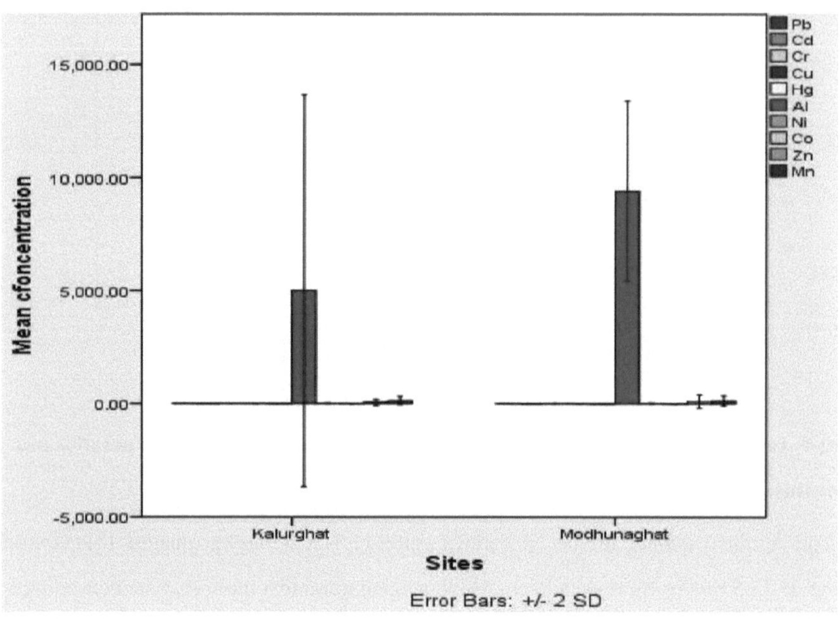

Figura 10. Gráfico que mostra as concentrações médias (mg/kg) de metais pesados na água em dois locais de amostragem.

A concentração de Zn variou entre 15,8-275 mg/kg nas amostras de sedimentos (Quadro 14). A concentração máxima de 275 mg/kg foi registada em Modhunaghat durante a monção (quadro 14). Estas concentrações foram encontradas acima do limite estabelecido pela OMS (2008), OMS (2004), USEPA (1999) e FAO (1985) (Quadro 15). Foi registada uma quantidade mínima de 15,8 mg/kg em Modhunaghat durante a pré-monção (Quadro 14). Aderinola et al. (2009) encontraram 0,73 mg/kg de Zn na Lagoa de Lagos. Shanbehzadeh et al. (2014) registaram 35 mg/kg de Zn a montante do rio Tembi. Os presentes resultados são muito inferiores aos resultados encontrados por Rahman et al. (2014) (117,15 mg/kg), Banu et al. (2013) (139,48 mg/kg) e Saha e Hossain (2011) (502,26 mg/kg).

Quadro 16. Comparação das concentrações de metais pesados nos sedimentos do rio Halda (em mg/kg) com as médias de sedimentos de outros rios e de rios mundiais.

Sampling location	Pb	Cd	Zn	Cu	Ni	Co	Mn	Cr	Reference
Euphrates, Iraq	19.5	0.08	30	24.6	125	-	450	-	Kassim et al. 1997
Euphrates, Iraq	39.1	0.73	-	46.6	29.1	-	302.75	-	Rabee et al. 2009
Euphrates, Iraq	19.5	3.6	91.16	45.25	182.91	48.6		119.4	Al-Bassam and Al Mukhtar, 2008
Euphrates, Iraq	0.59	11.2	67.66	14.14	0.37	8.24	37.7	0.47	Hassan et al. 2010
Tigris, Iraq	43.4	-	54.6	25.5	155.3	44.9	-	865.4	Al-Juboury, 2009
Tigris, Iraq	17.9 - 30.6	0.1 - 1.7	8.3 - 47.1	17.4 - 28.9	105.4 - 125.5		451.3 - 565.6	-	Al-Lami and Al-Jaberi, 2002
Tigris, Iraq	7 - 90	0.3 - 1.3	-	5 - 55	6 - 30	-	166 - 426	-	Nameer et al. 2011
Yangtze, China	49.19	0.98	230.39	60.03	41.86	-	-	108.00	Wang et al. 2013
Tapti, India	-	-	1.17 - 6.06	0.52 - 4.07	-	-	6 - 8.9		Marathe et al. 2011
Buriganga, Bangladesh	79.8	0.8	502.3	184.4	-	-		101.2	Saha and Hossain, 2010
Cauvery, India	4.3	1.3	93.1	11.2	27.7	1.9	176.3	38.9	Raju et al. 2012
World average	230.75	1.4	303	122.9	102.1	55.3	975.3	126	Martin and Meybeck, 1979
Halda River	**8.80**	**0.04**	**79.58**	**5.90**	**15.97**	**4.92**	**139.5**	**8.84**	**Present study**

A concentração de Mn registada foi de 77-269 mg/kg (Quadro 14). A quantidade mais elevada de 269 mg/kg de Mn foi registada em Modhunaghat e a quantidade mais baixa de 77 mg/kg foi encontrada em Drenerghat durante a pré-monção (Quadro 14). As concentrações excederam o limite permitido estabelecido pela OMS (2008), USEPA (1999) e FAO (1985) (Quadro 15). Mas os resultados são inferiores à concentração encontrada por Hassan et al. (2015) (442,596 mg/kg) e Rahman et al. (2014) (483,44 mg/kg). Shanbehzadeh et al. (2014) registaram 409,25 mg/kg de Mn a montante do rio Tembi. Aderinola et al. (2009) encontraram 2,04 mg/kg de Mn na Lagoa de Lagos.

Análise de variância (ANOVA) em sedimentos

Foram encontradas alterações substanciais nas concentrações de crómio, cobre, chumbo, cobalto, manganês e níquel nos sedimentos em função das estações do ano ($p<0,05$). No entanto, não se registaram variações significativas ($p>0,05$) nos níveis de cádmio, mercúrio, zinco e alumínio nos sedimentos. Em termos de locais, não foram encontradas variações predominantes nas concentrações de metais ($p>0,05$).

Matriz de correlação

No ambiente aquático, as inter-relações entre metais na água e no sedimento fornecem informações significativas sobre as fontes e os caminhos das variáveis (metais pesados). O resultado das correlações entre metais pesados está de acordo com os resultados obtidos por PCA e CA que confirmam algumas novas associações entre parâmetros. A correlação muito forte, forte e moderada indica que as suas fontes de origem são semelhantes, especialmente a partir de efluentes industriais, resíduos municipais e insumos agrícolas.

Matriz de correlação de metais pesados na água

No caso da água, foi encontrada uma relação linear muito forte em Hg vs Pb (0,941), Mn vs Zn (0,939) e Ni vs Cu (0,922) ao nível de significância de 0,01 (Tabela 17). Foram observadas relações fortes entre Cu vs Pb (0,787) e Co vs Hg (0,721) ao nível alfa de 0,01. Foram encontradas relações negativas muito fortes entre Ni vs Al (0,977) e Al vs Cu (-0,857) ao nível de significância de 0,05 e 0,01 (Tabela 17).

Tabela 17. Matriz de correlação dos metais pesados na água.

	Pb	Cd	Cr	Cu	Hg	Al	Ni	Co	Zn	Mn
Pb	1									
Cd	0.393	1								
Cr	-0.156	0.112	1							
Cu	0.373	0.391	-0.094	1						
Hg	0.941	0.610	-0.304	0.416	1					
Al	-0.665	-0.710	0.177	-0.857	-0.772	1				
Ni	0.612	0.571	-0.149	0.922	0.673	-0.977	1			
Co	0.787	0.050	-0.413	0.535	0.721	-0.558	0.560	1		
Zn	-0.280	-0.789	0.332	0.036	-0.563	0.393	-0.201	0.004	1	.
Mn	-0.333	-0.572	0.440	0.275	-0.561	0.199	-0.006	-0.041	0.939	1

Matriz de correlação de metais pesados em sedimentos

Nos sedimentos, foram encontradas relações lineares muito fortes em Mn vs Cr (0,999), Co vs Ni (0,999), Ni vs Cu (0,994), Zn vs Pb (0,993), Co vs Cu (0,992), Cu vs Cr (0,990), Mn vs Cu (0.989), Mn vs Ni (0,975), Mn vs Co (0,975), Ni vs Cr (0,974), Co vs Cr (0,972), Mn vs Pb (0,951), Cr vs Pb (0,948), Zn vs Cr (0,944) e Mn vs Zn (0,941) ao nível de significância de 0,01 (Tabela 18). Para além disso, Cu vs Pb (0,900), Zn vs Cu (0,891), Co vs Pb (0,863), Ni vs Pb (0,859), Zn vs Ni (0,845) e Zn vs Co (0,843) mostraram uma relação linear muito forte ao nível de significância de 0,05 (Quadro 18).

Table 18. Matriz de correlação de metais pesados em sedimentos.

	Pb	Cd	Cr	Cu	Hg	Al	Ni	Co	Zn	Mn
Pb	1									
Cd	-0.507	1								
Cr	0.948	-0.402	1							
Cu	0.900	-0.364	0.990	1						
Hg	-0.634	0.577	-0.544	-0.543	1					
Al	0.101	0.056	-0.182	-0.309	0.037	1				
Ni	0.859	-0.379	0.974	0.994	-0.510	-0.400	1			
Co	0.863	-0.420	0.972	0.992	-0.533	-0.404	0.999	1		
Zn	0.993	-0.418	0.944	0.891	-0.566	0.151	0.845	0.843	1	
Mn	0.951	-0.443	0.999	0.989	-0.572	-0.193	0.975	0.975	0.941	1

Análise de componentes principais

O método de extração foi executado para descobrir os componentes principais na análise PCA que eram os valores Eigen. Na água, os componentes foram considerados como componentes principais cujos valores Eigen eram superiores a 0,5. Foram extraídos 2 PCs utilizando a matriz de correlação que reflecte os processos que influenciam a composição dos metais pesados com 100,0% da variância total da amostra (Tabela 19). A variância total dos PCs foi de 71,845% e 28,155% para o PC 1 e PC 2, respetivamente. O PC 1 está fortemente correlacionado com Pb, Cd, Cr, Cu, Hg, Ni, Co e o PC 2 com Zn e Mn (Quadro 19). A fonte de PC 1 e PC 2 pode ser deliberada como fonte diferente de entradas litogénicas e antropogénicas.

Table 19. Matriz de componentes do modelo de dois factores com cargas fortes a moderadas na água e nos sedimentos.

Water			Sediment		
Eigenvalues (0.5)	Component		Eigenvalues (0.6)	Component	
	PC 1	PC 2		PC 1	PC 2
Pb	0.824	0.567	Pb	1.000	-0.014
Cd	0.889	-0.458	Cd	-0.864	-0.503
Cr	0.960	-0.281	Cr	1.000	0.013
Cu	0.973	-0.231	Cu	0.999	-0.033
Hg	0.928	0.373	Hg	-0.834	0.551
Al	-1.000	-0.010	Al	-1.000	-0.004
Ni	0.992	0.127	Ni	1.000	0.011
Co	0.841	0.541	Co	1.000	0.020
Zn	-0.541	0.841	Zn	1.000	0.005
Mn	-0.048	0.999	Mn	1.000	0.020
Eigen value	7.185	2.815	Eigen value	9.440	.560
% Total variance	71.845	28.155	% Total variance	94.404	5.596
Cumulative %	71.845	100.000	Cumulative %	94.404	100.000

No sedimento, os componentes foram considerados como componentes principais cujos valores Eigen eram superiores a 0,6. Foram extraídos 2 PCs utilizando a matriz de correlação que reflecte os processos que influenciam a composição dos metais pesados com 100,0% da variância total da amostra (Tabela 19). A variância total dos PCs foi de 94,404% e 0,560% para o PC 1 e PC 2, respetivamente. O PC 1 está fortemente correlacionado com Pb, Cr, Cu, Ni, Co, Zn, Mn e o PC 2 mostrou uma relação moderada com Hg (Quadro 19). A fonte de PC 1 e PC 2 pode ser considerada como uma fonte mista de contribuições antropogénicas, particularmente de efluentes industriais e actividades agrícolas na área de estudo.

6. METAIS PESADOS NO ANTIGO RIO BRAHMAPUTRA

Materiais e métodos

Locais de amostragem

O antigo rio Brahmaputra, perto do distrito de Narsingdi, é um dos ecossistemas mais importantes com grande potencial de aquacultura. Desempenha um papel muito importante na minimização da pobreza rural e no fornecimento de alimentos à comunidade piscatória pobre, bem como à população local. É um rio ativo que desempenha um papel significativo na alteração das mudanças morfológicas nos outros rios a jusante (Amacher et al. 1989). As variações contínuas do curso do rio constituem um fator significativo na hidrologia do Brahmaputra.

As amostras de água foram recolhidas em dois pontos: 1. Belanagar (abundante com várias indústrias) e 2. Drenerghat (caracterizado por agricultura e poucas indústrias) a 40 km de Belanagar (Fig. 11). Os procedimentos de amostragem foram realizados em três fases: primeiro, setembro de 2015 (estação das chuvas); segundo, janeiro de 2016 (estação do inverno) e terceiro, março de 2016 (pré-monção).

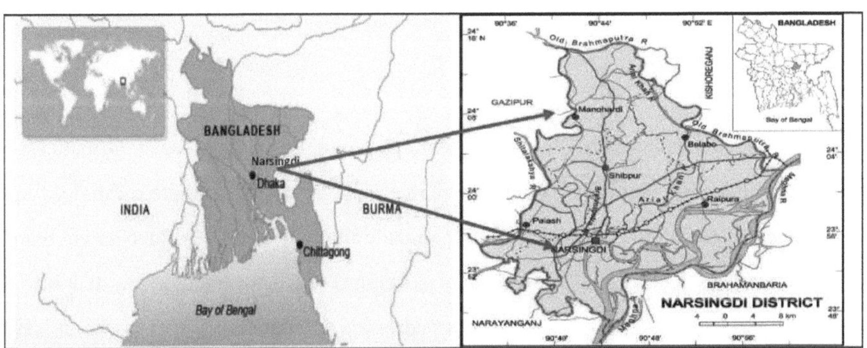

Figura 11. Mapa com os pontos de amostragem do rio Brahmaputra Antigo.

Recolha e preservação de amostras

Após a seleção dos pontos de amostragem, foi recolhido um total de 24 amostras (12 amostras de água e 12 amostras de sedimentos). 12 amostras de água e 12 amostras de sedimentos foram recolhidas em zonas industriais afectadas e em zonas não afectadas (a 25 km de distância da zona industrial). Foram recolhidos 2 litros de amostras de águas superficiais. As amostras de sedimentos foram recolhidas do leito do rio através do método de agarrar (Shanbehzadeh et al. 2014). Imediatamente após a recolha, a amostra de água acidificada com ácido nítrico (PH = 2) foi transferida para o laboratório do Conselho de Investigação Científica e Industrial do Bangladesh (BCSIR), em Chittagong.

Determinação de metais pesados

Os teores de metais pesados da água e dos sedimentos recolhidos foram determinados por AAS (modelo iCE 3300, Thermo Scientific, concebido no Reino Unido, fabricado na China) utilizando um procedimento analítico normalizado.

Table 20. Linhas espectrais utilizadas nas medições de emissões e limite de deteção instrumental para os elementos medidos por AAS.

Elements	Wavelength (nm)	Instrumental detection limit (mg/l)
Hg	253.7	
Pd	217.0	0.013
Cr	357.9	0.0054
Co	240.7	0.01
Cd	228.8	0.0028
Mn	279.5	0.0016
Ni	232.0	0.008
Zn	213.9	0.0033
Cu	324.8	0.0045
Al	309.3	0.028

As amostras foram manuseadas cuidadosamente para evitar a contaminação. O material de vidro foi devidamente limpo com ácido crómico e água destilada. Durante o estudo, foram utilizados produtos químicos e reagentes de qualidade analítica. As determinações em branco dos reagentes foram utilizadas para corrigir as leituras dos instrumentos. As técnicas de preparação das amostras, de preparação dos padrões e de análise dos metais são descritas sucintamente a seguir.

Preparação da amostra (sedimento)

Este procedimento foi também utilizado para a destruição da matéria orgânica. Devem ser tomadas precauções para evitar perdas por volatilização de elementos. As amostras foram pesadas com precisão numa quantidade adequada (10 a 20 g) numa placa de sílica tarada. Em seguida, as amostras foram secas a 120°C numa estufa de laboratório. Estas placas foram então colocadas na mufla à temperatura ambiente e a temperatura foi lentamente aumentada para 450°C a uma velocidade não superior a 50°C/h. As amostras foram incendiadas num forno Muffle. As amostras foram inflamadas numa mufla a 450°C durante pelo menos 8 horas. Depois de as amostras arrefecerem, as placas foram retiradas do forno. Em seguida, as amostras de sedimentos foram digeridas na quantidade desejada de ácido nítrico a 50% numa placa quente. Em seguida, as amostras foram filtradas para um balão volumétrico de 100 ml com papel de filtro Whatman n.º 44 e o resíduo foi lavado. Cada solução de amostra foi completada até à marca com água destilada.

Preparação da amostra (água)

Foram recolhidos 100 ml de água de cada amostra de água num copo. Em seguida, as amostras foram digeridas com a adição de 5 ml de HNO3 conc. numa placa de aquecimento. Em seguida, as amostras foram filtradas para um balão volumétrico de 100 ml com papel de filtro Whatman n.º 44 e completadas com água destilada até à marca.

Preparação padrão

Cada solução padrão de metal foi preparada para calibrar o instrumento para cada elemento a ser determinado no mesmo dia em que as análises foram efectuadas devido à possível deterioração do padrão com o tempo. Todas as amostras foram preparadas a partir de produtos químicos de qualidade analítica com água destilada. 1 g de Cd, Cu, Pb, Ni foi dissolvido em solução de HNO3; 1 g de Co, Fe, Mn, Zn, Al foi dissolvido em solução de HCl; 2,8289 g de K2Cr2O7 (=1 g de Cr) foi dissolvido em água e completado até 1 litro num balão volumétrico com água destilada, preparando-se assim uma solução de reserva de 1000 mg/l de Cd, Cu, Pb, Ni, Co, Fe, Mn, Zn, Al e Cr. (Cantle, 1982). Em seguida, 100 ml de 0,1, 0,25, 0,5, 0,75, 1,0 e 2,0 mg/l de padrões de trabalho de cada metal, com exceção do ferro, foram preparados a partir destes padrões utilizando micropipetas em 5 ml de ácido nítrico 2N. Foram preparados 100 ml de 2,0, 2,5, 5,0, 10,0 e 20,0 mg/l de padrões de trabalho de ferro metálico a partir da solução de reserva de ferro. O branco de reagente foi preparado da mesma forma que a preparação da amostra, sem a amostra, para evitar a contaminação dos reagentes.

Análise da amostra

O instrumento de absorção atómica foi montado e as condições da chama e a absorvância foram optimizadas para a substância a analisar. Em seguida, o branco (água desionizada), os padrões, o branco da amostra e as amostras foram aspirados para a chama do AAS (modelo iCE 3300, Thermo Scientific, concebido no Reino Unido, fabricado na China). As curvas de calibração obtidas para a concentração vs. absorvância. Os dados foram analisados estatisticamente utilizando o ajuste da linha reta pelo método dos mínimos quadrados. Foi também efectuada uma leitura em branco, tendo sido feitas as correcções necessárias durante o cálculo da concentração dos vários elementos.

Análise estatística

Foi efectuada uma análise de variância unidirecional (ANOVA) para mostrar as variações na concentração de metais pesados em termos de estações e locais. Foi utilizado o gráfico GGraph para a apresentação gráfica dos metais pesados em função das estações e dos locais. De acordo com Dreher (2003), a análise de componentes principais (ACP) foi efectuada no conjunto de dados original (sem qualquer ponderação ou normalização). A matriz de correlação do momento do produto de Pearson foi efectuada para identificar a relação entre os metais, de modo a tornar mais forte o resultado obtido da análise multivariada.

Resultados e discussão

Os resultados obtidos no presente estudo expuseram que as concentrações de Pb, Cd, Al, Ni e Mn na água se encontravam acima do limite permitido estabelecido pela OMS (2004), USEPA (2006), EPA (2002), EPA (1986) e ECR (1997), com exceção de Cr, Cu, Hg, Co, Zn. No sedimento, a concentração de Pb, Cu, Al, Co, Zn e Mn excedeu o limite permitido estabelecido pela OMS (2008), USEPA (1999) e FAO (1985), embora a concentração de Cd, Cr, Hg e Ni tenha sido encontrada abaixo do limite permitido.

Amostra de água

No presente estudo, a quantidade de Pb foi registada entre 0,01-0,21 mg/l. A concentração mais elevada foi de 0,21 mg/l em Drenerghat durante a estação pré-monção (Quadro 21). Este resultado está acima do limite admissível estabelecido pela OMS (2004), USEPA (2006), EPA (2002) e ECR (1997) (Quadro 22). Ahmad et al. (2010) registaram uma concentração de Pb de 0,07 mg/l no rio Buriganga e Ali et al. (2016) registaram 0,01 mg/l no rio Karnaphuli. Faisal et al. (2014) registaram 1,26 mg/l na água do rio na zona industrial de Savar. Além disso, Hassan et al. (2015) encontraram a concentração de Pb abaixo do limite de deteção do rio Meghna, Bangladesh. A concentração mais baixa, 0,01 mg/l, foi registada em Belanagor durante a estação das monções (Quadro 21).

Table 21. Concentração de metais pesados (mg/l) na água do antigo rio Brahmaputra .

Parameters /Sites	Seasons	Pb	Cd	Cr	Cu	Hg	Al	Ni	Co	Zn	Mn
Belanagor	Pre-Monsoon	0.12	BDL	BDL	0.18	BDL	10.2	0.5	BDL	BDL	2.1
Drenerghat		0.21	BDL	0.01	0.12	BDL	7.5	0.6	BDL	BDL	1.1
Belanagor	Monsoon	BDL	BDL	BDL	0.04	BDL	1.5	0.02	BDL	BDL	BDL
Drenerghat		0.04	BDL	BDL	0.03	BDL	1.6	0.02	0.03	BDL	1.4
Belanagor	Post-Monsoon	0.10	0.001	BDL	0.2	0.001	11.5	0.7	BDL	0.01	2.5
Drenerghat		0.20	BDL	BDL	0.17	BDL	8.9	0.8	BDL	BDL	1.5

BDL=Below Detection Limit (limite de deteção inferior)

A concentração de Cd variou entre BDL-0,001 mg/l (Tabela 21). A quantidade máxima de Cd foi registada (0,001 mg/l) acima do limite tolerável estabelecido pela USEPA (2006) e ECR (1997) (Tabela 22). Ahmad et al. (2010) encontraram 0,009 mg/l de Cd na água do rio Buriganga. Ali et al. (2016) registaram 0,008 mg/l de Cd numa amostra de água do rio Karnaphuli. Mokaddes et al. (2013) registaram concentrações mais elevadas de Cd no rio Buriganga, no rio Turag, no rio Balu, no rio Meghna e no rio Shitalakshiya do que os presentes resultados. Hassan et al. (2015) encontraram uma concentração de Cd de 0,0030 mg/l no rio Meghna, no Bangladesh. Resultados mais ou menos semelhantes foram encontrados por Rao et al. (1985), Peterson et al. (1972) e Rojahn (1972) e Khan et al. (1998).

A concentração de Cr no presente estudo foi encontrada entre BDL-0,01 mg/l muito abaixo do limite estabelecido pela OMS (2004), USEPA (2006) e ECR (1997) (Tabela 3). Ali et al. (2016) encontraram 0,08 mg/l Cr no rio Karnaphuli. Ahmad et al. (2010) registaram 0,59 mg/l de Cr no rio Buriganga. Além disso, Alam et al. (2003) relataram que, maior concentração de Cr foi encontrada na estação chuvosa (3-13 mg / l) do que a concentração da estação seca (1,2-8 mg / l). Faisal et al. (2014) documentaram 0,13 mg/l de água de rio na zona industrial de Savar. Khan et al. (1998) registaram concentrações mais elevadas de Cr na água do estuário do GBM (Ganges-Brahmaputra-Meghna), sendo ambos os valores superiores aos do presente estudo. Todos os resultados são muito superiores aos do presente estudo.

Ahmed (1998) relatou que a quantidade mais baixa de Cu variava entre 0,11 e 0,021 mg/l na água. No presente estudo, foi encontrada uma concentração média de Cu (0,12 mg/l) muito abaixo do limite permitido estabelecido pela OMS (2004), EPA (2002) e ECR (1997) (Quadro 3). Estas concentrações são inferiores às registadas por Ahmad et al. (2010) e Rao et al. (1985). Mokaddes et al. (2013) registaram concentrações mais baixas de Cu no rio Buriganga, no rio Turag, no rio Balu, no rio Meghna e no rio Shitalakshiya do que o presente resultado.

A Agência de Proteção do Ambiente dos EUA sugeriu que concentrações inferiores a 5,8 ng/mL de Hg são consideradas seguras (Choi et al. 1981; Ballatori e Clarkson, 1985). Enquanto a OMS (ASTDR, 1999) referiu que uma concentração aceitável de Hg no cabelo humano é inferior a 6 gg/g. No presente estudo, a concentração de Hg variou entre BDL-0,001 mg/l (Quadro 21). Esta concentração encontra-se dentro dos limites estabelecidos pela OMS (2004), ECR (1997) e abaixo do limite da USEPA (2006) (Quadro 22).

Table 22. As concentrações de metais pesados (mg/l) em água doce e a sua comparação com as normas internacionais.

Heavy metals	ECR, 1997	WHO, 2004	USEPA, 2006	EC, 1998	EPA, 1986	EPA, 2002	Present study
Pb	0.05	0.01	0.0025	10	-	0.05	0.11
Cd	0.005	-	0.0025	5	-	0.01	0.001
Cr	0.05	0.05	0.1	-	-	-	0.01
Cu	1	2	0.013	2	-	1.3	0.12
Hg	0.001	0.001	0.002	-	-	-	0.001
Al	0.2	-	-	-	-	-	6.87
Ni	0.1	0.02	-	20	-	-	0.44
Co	-	-	-	-	-	-	0.20
Zn	5	-	0.12	-	5	-	0.01
Mn	0.1	0.4	-	-	0.1	-	1.44

As concentrações de Al variaram entre (1,5-11,5 mg/l). A concentração mais elevada registada foi de 11,5 mg/l em Belanagor durante a pós-monção. A concentração excedeu o limite admissível (0,2 mg/l) estabelecido pela ECR (1997) (Quadro 22). A quantidade mais baixa de Al encontrada foi de 1,15 mg/l durante a estação das monções em Belanagor. Balkis et al. (2010) encontraram 2 mg/l de Al na Baía de Gokova, Turquia.

A quantidade de Ni variou entre 0,02-0,8 mg/l na área de estudo (Quadro 21). A quantidade máxima de Ni foi encontrada (0,8 mg/l) em Drenerghat durante a estação pós-monção, excedendo o limite permitido estabelecido pela OMS (2004) e ECR (1997) (Quadro 22). O valor mínimo de Ni foi encontrado (0,02 mg/l) em Belanagor e Drenerghat durante a monção. Ahmad et al. (2010) registaram 0,0088 mg/l no rio Buriganga. Faisal et al. (2014) registaram 1,53 mg/l na água do rio na zona industrial de Savar.

As concentrações médias (mg/l) de metais pesados na água durante as três estações do ano são apresentadas na figura 12.

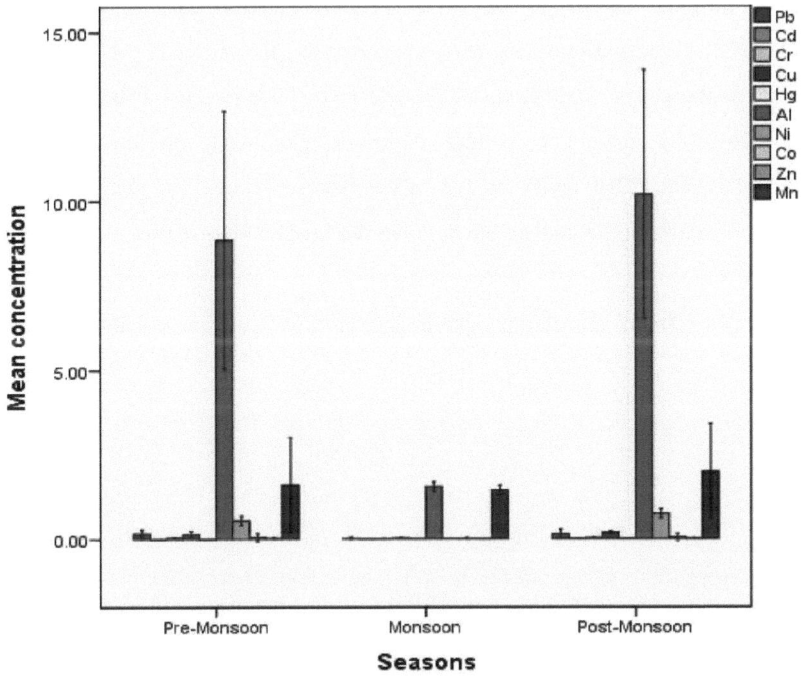

Figura 12. Gráfico que mostra as concentrações médias (mg/l) de metais pesados na água durante as três estações do ano.

A concentração média de Co foi medida (0,20 mg/l) na área de estudo. O Co é favorável à saúde, mas um nível excessivo de Co pode causar efeitos nos pulmões e no coração e dermatite (ATSDR, 2004).

O Zn foi encontrado entre BDL-0,01 mg/l. A concentração mais elevada foi registada a 0,01 mg/l em Belanagor durante a pós-monção (Quadro 21). Esta quantidade está muito abaixo do limite estabelecido pela USEPA (2006), ECR (1997) e EPA (1986). Mas acima dos resultados encontrados por Mokaddes et al. (2013) no rio Buriganga, rio Turag, rio Balu, rio Meghna e rio Shitalakshiya. Balkis et al. (2010) registaram 4,9 mg/l de Zn na Baía de Gokova, Turquia. Hassan et al. (2015) registaram a concentração de Zn de 0,0311 mg/l no rio Meghna, no Bangladesh.

A concentração mais elevada de Mn foi registada (2,5 mg/l) em Belanagor durante a pós-monção, acima do limite admissível estabelecido pela OMS (2004), ECR (1997) e EPA (1986) (Quadro 22). Esta concentração também é superior ao valor registado por Mokaddes et al. (2013) no rio Buriganga, no rio Turag, no rio Balu, no rio Meghna e no rio Shitalakshiya. Hassan et al. (2015) registaram a concentração de Mn de 0,00854 mg/l no rio Meghna, no Bangladesh. Balkis et al. (2010) registaram 0,2 mg/l na Baía de Gokova, Turquia. Tankere et al. (2001) mediram 0,066-1,593 mg/l de Mn na coluna de água do Mar Negro.

Concentrações médias (mg/l) de metais pesados na água em dois locais apresentados na figura 13.

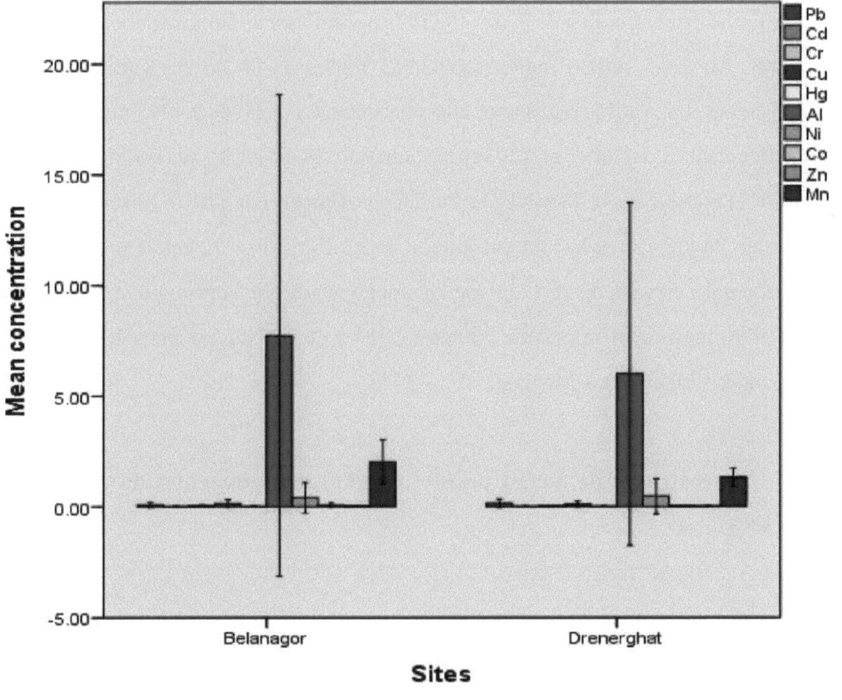

Figura 13. Gráfico que mostra as concentrações médias (mg/l) de metais pesados na água em dois locais de amostragem.

Análise de Variância (ANOVA) em Água

Foram encontradas variações significativas nas concentrações de Cr, Cu, Al e Ni em termos de estações do ano ($p<0,05$). No entanto, não se registaram variações significativas ($p>0,05$) nos níveis de Pb, Cd, Hg, Co, Zn e Mn na água. Além disso, não foram registadas variações predominantes ($p>0,05$) nas concentrações de metais em termos de locais ($p>0,05$).

Amostra de sedimentos

A concentração de Pb variou entre 4,8-9,8 mg/kg. A concentração mais elevada de Pb registada foi de 9,8 mg/kg em Belanagor durante a pós-monção (Quadro 23). Este resultado está acima do limite estabelecido pela FAO (1985), mas é inferior ao limite estabelecido pela USEPA (1999). Ali et al. (2016) registaram 43,685 mg/kg de Pb no rio Karnaphuli, no Bangladesh. Hassan et al. (2015) registaram uma concentração de Pb de 9,4702 mg/kg no rio Meghna, no Bangladesh. Islam et al. (2014) encontraram 28,36 mg/kg no rio Shitalakhya. Banu et al. (2013) registaram 32,78 mg/kg no rio Turag. Ahmad et al. (2010) relataram que o valor máximo de Pb (77,13 mg/kg) foi encontrado no rio Buriganga durante a pré-monção. Uma quantidade mais elevada de Pb (52,9 mg/kg) foi registada por Topcuoglu et al. (2004). Khan et al. (1998) registaram valores de Pb entre 2,355 e 26,086 mg/kg em sedimentos no estuário do Ganges Brahamputra-Meghna.

Table 23. Concentração de metais pesados (mg/kg) nos sedimentos do antigo rio Brahmaputra.

Parameters /Sites	Seasons	Pb	Cd	Cr	Cu	Hg	Al	Ni	Co	Zn	Mn
Belanagor	Pre-Monsoon	8.8	BDL	6.4	6.2	BDL	10000.00	12.9	4.6	51.2	145
Drenerghat		8.1	BDL	5.2	5.7	BDL	8800.00	11.3	3.7	33.5	101
Belanagor	Monsoon	4.8	BDL	7.5	6.8	BDL	8,200.00	11.5	3.85	81	105
Drenerghat		5.6	BDL	8	6.2	BDL	6.900.00	13.5	3.9	65	145
Belanagor	Post-Monsoon	9.8	BDL	6.5	6.4	BDL	11,200.00	14	4.8	52.5	155
Drenerghat		8.5	0.54	5.8	5.8	BDL	8,900.00	13.5	3.9	32.78	106

As concentrações de Cd variaram entre BDL-0,54 mg/kg (Tabela 23). Os resultados são inferiores ao limite admissível estabelecido pela OMS (2004) e pela USEPA (1999) (Quadro 24). Estes resultados são bastante semelhantes aos resultados registados por Ergul et al. (2008), Balkis (2007), Ayas et al. (2007), Topcuoglu et al. (2004) e Yucesoy e Ergin (1992). Uma quantidade mais elevada de Cd do que a do presente estudo foi encontrada por Islam et al. (2015) (1,20 mg/kg), Islam et al. (2014) (5,01 mg/kg), Ahmed et al. (2012) (2,08 mg/kg) e Ahmad et al. (2010) (3,33 mg/kg).

As concentrações de Cr variaram entre 5,2-7,5 mg/kg, tendo o valor mais elevado, 7,5 mg/kg, sido encontrado em Belanagor durante a estação das monções. A concentração de Cr abaixo do limite permitido estabelecido pela OMS (2004) e USEPA (1999) (Tabela 24). Estes resultados foram muito inferiores aos resultados encontrados por Ali et al. (2016), Islam et al.

(2015c3), Hassan et al. (2015), Islam et al. (2015a), Islam et al. (2015c), Islam et al. (2014), Rahman et al. (2014), Banu et al. (2013), Ahmed et al. (2012), Saha e Hossain (2011), Ahmad et al. (2010), Liu et al. (2009), Ergul et al. (2008), Singh et al. (2005), Datta e Subramanian (1998) e Yucesoy e Ergin (1992). Embora o resultado do presente estudo tenha sido mais elevado do que o resultado registado por Begum et al. (2009).

Table 24. Comparação dos valores observados de metais pesados nos sedimentos do antigo rio Brahmaputra com as normas internacionais.

Heavy metals	WHO, 2008	WHO, 2004	USEPA, 1999	FAO, 1985	Present study
Pb	-	-	40	5	7.6
Cd	-	6	0.6	-	0.48
Cr	0.05	25	25	0.1	6.6
Cu	-	-	-	0.2	6.2
Hg	-	-	-	-	0.001
Al	-	-	-	5	9000
Ni	-	20	16	0.2	12.8
Co	0.05	-	-	0.05	4.1
Zn	5.0	123	110	2	52.7
Mn	0.5	-	30	0.2–10	126.2

As concentrações de Cu variaram entre 5,7-6,8 mg/kg (Quadro 23). O valor máximo registado foi de 6,8 mg/kg em Belanagor durante a estação das monções. Estes resultados excederam o limite admissível estabelecido pela FAO (1985) (quadro 24). Ahmad et al. (2010) registaram 27,85 mg/kg de Cu no rio Buriganga.

A concentração de Hg foi registada abaixo do limite de deteção em todas as amostras de sedimentos durante todas as estações.

A concentração de Al variou entre 6900-11200 mg/kg na área de estudo (Quadro 23). A quantidade mais elevada foi registada em 11200 mg/kg em Belanagor durante a pós-monção. A quantidade mais baixa foi registada em 6900 mg/kg em Drenerghat durante a estação das monções (Quadro 23). Tanto a concentração mais baixa como a mais alta de Al estão muito acima do limite admissível estabelecido pela FAO (1985) (Quadro 24).

As concentrações médias (mg/kg) de metais pesados nos sedimentos durante as três estações do ano são apresentadas na figura 14.

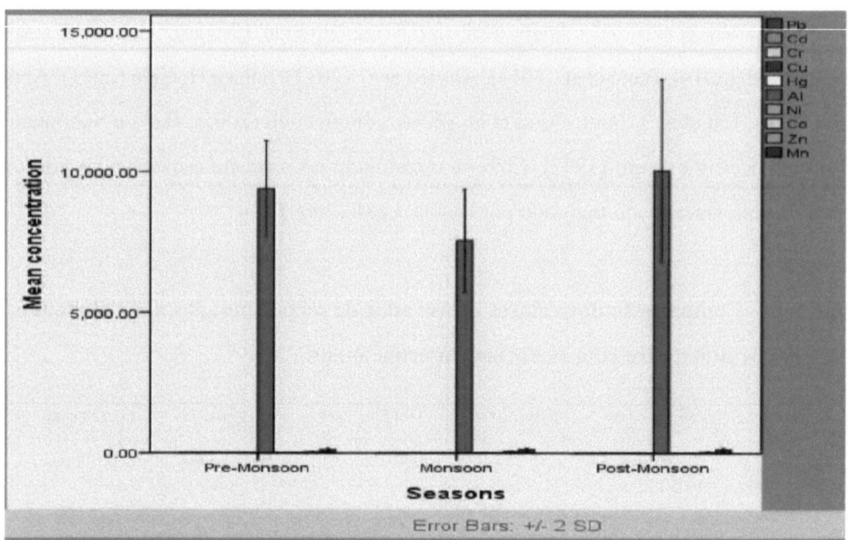

Figura 14. Gráfico que mostra as concentrações médias (mg/kg) de metais pesados nos sedimentos durante as três estações do ano.

A quantidade de Ni variou entre 11,3-14 mg/kg (Quadro 23). O valor máximo de 14 mg/kg foi registado em Belanagor durante a pós-monção, enquanto o valor mínimo de 11,3 mg/kg foi encontrado em Drenerghat durante a pré-monção (Quadro 23). Esta concentração foi inferior ao limite permitido estabelecido pela OMS (2004) e pela USEPA (1999), mas superior ao limite estabelecido pela FAO (1985) (quadro 24). Ahmad et al. (2010) registaram 200,45 mg/kg no rio Buriganga. Hassan et al. (2015) registaram 76,116 mg/kg no rio Meghna, no Bangladesh. Os presentes resultados são inferiores aos resultados encontrados por Islam et al. (2015) (95 mg/kg), Islam et al. (2014) (39,22 mg/kg) e Rahman et al. (2014) (25,67 mg/kg).

No presente estudo, as concentrações de Co situaram-se entre 3,7-4,8 mg/kg (Quadro 23). A quantidade mais elevada foi registada em Belanagor, com 4,8 mg/kg, durante a pós-monção. A quantidade mais baixa foi registada em Drenerghat durante a pré-monção (Quadro 23). Estes resultados são mais ou menos semelhantes aos resultados encontrados por Topcuoglu et al. (2004) e Balkis et al. (2007). As concentrações actuais excederam o limite admissível (0,05 mg/kg) estabelecido pela OMS (2008) e pela FAO (1985) (quadro 24).

Concentrações médias (mg/kg) de metais pesados nos sedimentos em dois locais apresentados na figura 15.

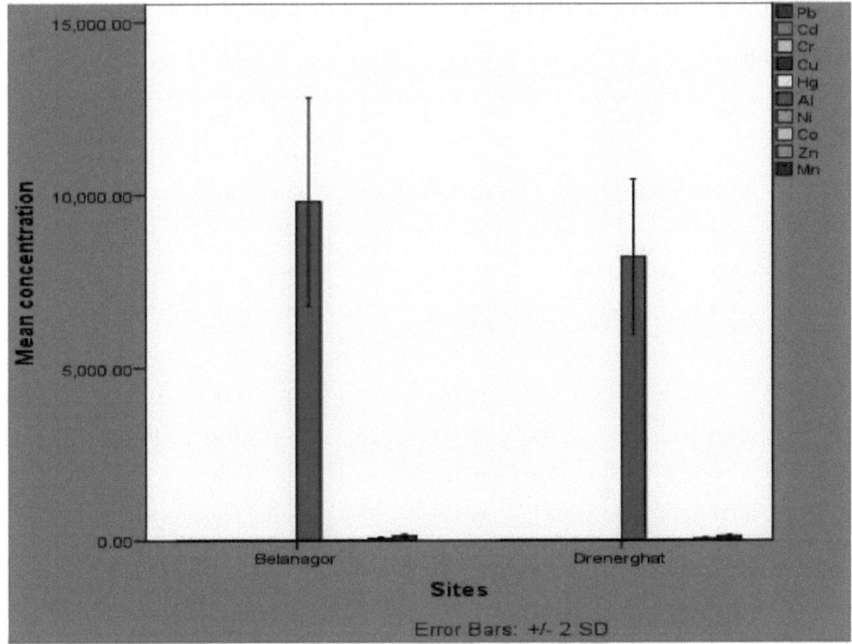

Figura 15. Gráfico que mostra as concentrações médias (mg/kg) de metais pesados na água em dois locais de amostragem.

A concentração de Zn variou entre 32,78-81 mg/kg nas amostras de sedimentos (Quadro 23). A concentração máxima de 81 mg/kg foi registada em Belanagor durante a monção. A quantidade mínima de 32,78 mg/kg foi registada em Drenerghat durante a pós-monção (Quadro 23). Estas concentrações encontram-se acima dos limites estabelecidos pela OMS (2008) e pela FAO (1985), mas muito abaixo dos limites estabelecidos pela OMS (2004) e pela USEPA (1999) (quadro 24). Os resultados actuais são muito inferiores aos resultados encontrados por Rahman et al. (2014) (117,15 mg/kg), Banu et al. (2013) (139,48 mg/kg) e Saha e Hossain (2011) (502,26 mg/kg).

Table 25. Comparação das concentrações de metais pesados dos sedimentos do antigo rio Brahmaputra (em mg/kg) com as médias de sedimentos de outros rios e de rios mundiais.

Sampling location	Pb	Cd	Zn	Cu	Ni	Co	Mn	Cr	Reference
Euphrates, Iraq	19.5	0.08	30	24.6	125	-	450	-	Kassim et al. 1997
Euphrates, Iraq	39.1	0.73	-	46.6	29.1	-	302.75	-	Rabee et al. 2009
Euphrates, Iraq	19.5	3.6	91.16	45.25	182.91	48.6		119.4	Al-Bassam and Al Mukhtar, 2008
Euphrates, Iraq	0.59	11.2	67.66	14.14	0.37	8.24	37.7	0.47	Hassan et al. 2010
Tigris, Iraq	43.4	-	54.6	25.5	155.3	44.9	-	865.4	Al-Juboury, 2009
Tigris, Iraq	17.9 - 30.6	0.1 - 1.7	8.3 - 47.1	17.4 - 28.9	105.4 - 125.5		451.3 - 565.6	-	Al-Lami and Al-Jaberi, 2002
Tigris, Iraq	7 - 90	0.3 - 1.3	-	5 - 55	6 - 30	-	166 - 426	-	Nameer et al. 2011
Yangtze, China	49.19	0.98	230.39	60.03	41.86	-	-	108.00	Wang et al. 2013
Tapti, India	-	-	1.17 - 6.06	0.52 - 4.07	-	-	6 - 8.9		Marathe et al. 2011
Buriganga, Bangladesh	79.8	0.8	502.3	184.4	-	-		101.2	Saha and Hossain. 2010
Cauvery, India	4.3	1.3	93.1	11.2	27.7	1.9	176.3	38.9	Raju et al. 2012
World average	230.75	1.4	303	122.9	102.1	55.3	975.3	126	Martin and Meybeck. 1979
Halda River	**8.80**	**0.04**	**79.58**	**5.90**	**15.97**	**4.92**	**139.5**	**8.84**	**Present study**

A concentração de Mn registada foi de 101-155 mg/kg (Quadro 23). A quantidade mais elevada de 155 mg/kg de Mn foi registada em Belanagor e a quantidade mais baixa de 101 mg/kg foi encontrada em Drenerghat durante a pré-monção (Quadro 23). As concentrações excederam o limite permitido estabelecido pela OMS (2008), USEPA (1999) e FAO (1985) (Quadro 24). Mas os resultados são inferiores à concentração encontrada por Hassan et al. (2015) (442,596 mg/kg) e Rahman et al. (2014) (483,44 mg/kg).

Análise de variância (ANOVA) em sedimentos

Foram encontradas alterações substanciais nas concentrações de Pb e Hg no sedimento em termos de estações ($p<0,05$). No entanto, não se registaram variações significativas ($p>0,05$) nos níveis de Cr, Cu, Al, Ni, Cd, Co, Zn e Mn nos sedimentos. Em termos de locais, não foram encontradas variações significativas nas concentrações de metais ($p>0,05$).

Matriz de correlação

No ambiente aquático, as inter-relações entre metais na água e no sedimento fornecem informações significativas sobre as fontes e os caminhos das variáveis (metais pesados). O resultado das correlações entre metais pesados está de acordo com os resultados obtidos por PCA e CA que confirmam algumas novas associações entre parâmetros. A correlação muito forte, forte e moderada indica que as suas fontes de origem são semelhantes, especialmente a partir de efluentes industriais, resíduos municipais e insumos agrícolas.

Matriz de correlação de metais pesados na água

No caso da água, foram encontradas relações lineares muito fortes em Ni vs Cu (0,911), Ni vs Al (0,910), Mn vs Co (0,882), Cr vs Al (0,877), Cu vs Cd (0.853), Ni vs Pb (0,850), Zn vs Cr (0,833), Ni vs Cd (0,828), Cu vs Cr (0,827), Al vs Cd (0,827) e Zn vs Co (0,804) ao nível de significância de 0,05 (Tabela 26). Além disso, Al vs Cu (0,992) e Zn vs Hg (0,949) mostraram uma relação linear muito forte ao nível de significância de 0,01 (Tabela 26). Foram observadas relações fortes em Cr vs Cd (0,760), Hg vs Cr (0,754), Cd vs Pb (0,742), Co vs Cr (0,742) e Ni vs Cr (0,719) ao nível alfa 0,01.

Table 26. Matriz de correlação de metais pesados na água.

	Pb	Cd	Cr	Cu	Hg	Al	Ni	Co	Zn	Mn
Pb	1									
Cd	0.742	1								
Cr	0.629	0.760	1							
Cu	0.620	0.853	0.827	1						
Hg	0.296	0.635	0.754	0.460	1					
Al	0.646	0.827	0.877	0.992	0.484	1				
Ni	0.850	0.828	0.719	0.911	0.253	0.910	1			
Co	-0.006	0.454	0.742	0.678	0.618	0.695	0.343	1		
Zn	0.217	0.574	0.833	0.567	0.949	0.603	0.302	0.804	1	
Mn	-0.194	0.304	0.453	0.641	0.259	0.619	0.312	0.882	0.492	1

Matriz de correlação de metais pesados em sedimentos

No sedimento, foram encontradas relações lineares muito fortes em Zn vs Cr (0,889), Al vs

Pb (0,848), Co vs Al (0,819), Mn vs Co (0,806) ao nível de significância de 0,05 (Tabela 27). Zn vs Cu (0,925) mostrou uma relação linear muito forte ao nível de significância de 0,01. Foram observadas relações fortes em Cd vs Pb (0,788), Cu vs Cr (0,735), Mn vs Ni (0,726) ao nível de significância de 0,05 (Tabela 27).

Table 27. Matriz de correlação de metais pesados em sedimentos.

	Pb	Cd	Cr	Cu	Hg	Al	Ni	Co	Zn	Mn
Pb	1									
Cd	0.788	1								
Cr	-0.707	-0.709	1							
Cu	-0.470	-0.556	0.735	1						
Hg	0.545	0.505	-0.352	-0.268	1					
Al	0.848	0.574	-0.483	0.034	0.417	1				
Ni	0.442	0.277	0.206	-0.032	0.611	0.304	1			
Co	0.641	0.368	0.021	0.297	0.223	0.819	0.598	1		
Zn	-0.736	-0.748	0.889	0.925	-0.487	-0.325	-0.131	0.029	1	
Mn	0.319	0.009	0.406	0.277	-0.017	0.366	0.726	0.806	0.212	1

Análise de componentes principais

O método de extração foi executado para descobrir os componentes principais na análise PCA que eram os valores Eigen. Na água, os componentes foram considerados como componentes principais cujos valores Eigen eram superiores a 0,5. Foram extraídos 2 PCs utilizando a matriz de correlação que reflecte os processos que influenciam a composição dos metais pesados com 100,0% da variância total da amostra (Tabela 28). A variância total dos PCs foi de 84,157% e 15,843% para o PC 1 e PC 2, respetivamente. O PC 1 está fortemente correlacionado com Pb, Cd, Cr, Cu, Al, Ni, Co, Zn, Mn e o PC 2 com Hg. A fonte de PC 1 e PC 2 pode ser deliberada como fonte diferente de entradas litogénicas e antropogénicas.

Table 28. Matriz de componentes do modelo de dois factores com cargas fortes a moderadas na água e nos sedimentos.

Water			Sediment		
Eigenvalues (0.5)	Component		Eigenvalues (0.6)	Component	
	PC 1	PC 2		PC 1	PC 2
Pb	1.000	0.020	Pb	0.998	0.062
Cd	0.932	0.364	Cd	0.795	-0.606
Cr	0.996	0.091	Cr	-0.978	0.209
Cu	0.965	-0.263	Cu	-0.895	0.445
Hg	0.670	0.742	Hg	.606	0.795
Al	0.963	-0.268	Al	0.961	0.277
Ni	0.904	-0.427	Ni	0.947	0.321
Co	0.999	-0.050	Co	0.997	0.073
Zn	0.846	0.533	Zn	-0.986	0.166
Mn	0.847	-0.531	Mn	0.998	0.062
Eigen value	8.416	1.584	Eigen value	8.538	1.462
% Total variance	84.157	15.843	% Total variance	85.381	14.619
Cumulative %	84.157	100.000	Cumulative %	85.381	100.000

No sedimento, os componentes foram considerados como componentes principais cujos valores Eigen eram superiores a 0,6. Foram extraídos 2 PCs utilizando a matriz de correlação que reflecte os processos que influenciam a composição dos metais pesados com 100,0% da variância total da amostra (Tabela 28). A variância total dos PCs foi de 84,157% e 15,843% para o PC 1 e PC 2, respetivamente. O PC 1 está fortemente correlacionado com Pb, Al, Ni, Co, Mn e o PC 2 com Hg. A fonte do PC 1 e do PC 2 pode ser considerada como uma fonte mista proveniente de entradas antropogénicas, particularmente de efluentes industriais e actividades agrícolas na área de estudo.

Conflito de interesses

Nenhum.

Agradecimentos

Os autores agradecem ao Conselho de Investigação Científica e Industrial do Bangladesh (BCSIR), Chittagong. Queremos agradecer ao Laboratório de Investigação sobre Biodiversidade, Ambiente e Alterações Climáticas, Instituto de Ciências Marinhas e Pescas, Universidade de Chittagong, que deu um contributo importante para a realização desta investigação. Os nossos agradecimentos especiais são extensivos às pessoas que foram ajudadas em diferentes capacidades desta investigação.

Conclusão

O presente estudo indica que a maioria dos metais excedeu o limite admissível, tanto na água como nos sedimentos, estabelecido pela OMS (2004), USEPA (2006), EPA (2002), EPA (1986), ECR (1997), OMS (2008), USEPA (1999) e FAO (1985). As concentrações estimadas de Pb e Zn nos peixes foram encontradas acima dos limites permitidos pela FAO, OMS, UE, Administração de Alimentos e Medicamentos dos Estados Unidos (USFDA), Agência de Proteção Ambiental dos EUA (US/EPA) e Diretrizes de Inglaterra. A fonte provável dos poluentes é antropogénica, resultante de actividades agrícolas, materiais de galvanoplastia e lubrificantes utilizados perto dos rios. O nível elevado de metais pesados encontrado na maioria dos peixes comestíveis acaba por prejudicar a saúde humana. Com base no presente estudo, pode concluir-se que o grau de contaminação e a variação sazonal dos metais pesados são elevados na água e nos sedimentos. Devem ser envidados esforços para proteger este rio da poluição e também para reduzir os riscos ambientais. Por conseguinte, o presente estudo recomenda que as fontes pontuais de metais pesados nas proximidades do rio sejam rigorosamente monitorizadas para proteger a saúde do ecossistema ribeirinho e da comunidade piscícola.

Referências

Abdullah, M. R., MohdKamar, K. A., MohdNawi, M. N., TarmiziHaron, A. e Arif, M. 2009. Sistema de construção industrializado: Uma definição e um conceito. Proc. da Conferência ARCOM 2009, Notingham, Reino Unido.

Abdel-Baki, A. S., Dkhil, M. A. e Al-Quraishy, S. 2011. Bioacumulação de alguns metais pesados em peixes tilápia relevantes para a sua concentração na água e sedimentos de Wadi Hanifah, Arábia Saudita. Jornal Africano de Biotecnologia, **10**: 2541-2547.

Abdel-Ghani, N. T., Elchaghaby, G. A. 2007. Influência das condições de funcionamento na remoção de iões Cu, Zn, Cd e Pb de águas residuais por adsorção. Int. J. Environ. Sci. Technol. **4**: 451-456.

Abua Ikem e Egiebor, N. O. 2005. Assessment of trace elements in canned fishes (mackerel, tuna, salmon, sardines and herrings) marketed in Georgia and Alabama (United States of America), Journal of Food Composition and Analysis, **18**: 771-787. http://dX.doi.org/10.1016Zj.jfca.2004.11.002

Aderinola, O. J., Clarke, E. O., Olarinmoye, O. M., Kusemiju, V. e Anatekhai, M. A. 2009. Metais pesados em águas superficiais, sedimentos, peixes e pervincas da lagoa de Lagos. American-Eurasian J. Agric. & Environ. Sci., **5**: 609-617.

Afthan, G., Cumont, G., Dypdahl, H. P., Gadd, K., Havre, G. N., Julshamn, K., Kaverud, K., Lind, B., Loimaranta, J., Merseburg, M., Olsson, A., Piepponen, S., Sundstrom, B., Uppstad, B. J., Waaler, T., Winnerstam L. 2000. Determination of Metals in Foods by Atom ic Absorption Spectrometry after Dry Ashing: NMKL1 Collaborative Study, Journal of AOAC International, **83**: 1204-1211.

Agência para o Registo de Substâncias Tóxicas e Doenças (ATSDR), 1992. Case Studies in Environmental Medicine - Lead Toxicity. Atlanta: Serviço de Saúde Pública, Departamento de Saúde e Serviços Humanos dos EUA.

Agency for Toxic Substances and Disease Registry (ATSDR), 1999. Serviço de Saúde Pública. Atlanta: U.S. Department of Health and Human Services; Toxicological Profile for Lead.

Agência para o Registo de Substâncias Tóxicas e Doenças (ATSDR), 1999. Toxicological Profile for Mercury, ATSDR, Serviço de Saúde Pública, Departamento de Saúde e

Serviços Humanos dos EUA, Washington, DC, EUA, http://www.atsdEcdc.gov/toxprofiles/tp46.pdf.

Agência para o Registo de Substâncias Tóxicas e Doenças (ATSDR), 2000. Toxicological profile for manganese (Perfil toxicológico do manganês). Atlanta, Geórgia: Departamento de Saúde e Serviços Humanos dos EUA, Agência para o Registo de Substâncias Tóxicas e Doenças; p.1-466.

Agência para o Registo de Substâncias Tóxicas e Doenças (ATSDR), 2004. Agency for Toxic Substances and Disease Registry, Division of Toxicology, Clifton Road, NE, Atlanta, GA, disponível em: http://www.atsdr.cdc.gov/toxprofiles/.

Agência para o Registo de Substâncias Tóxicas e Doenças (ATSDR), 2004. Cobalto. www.atsdr.cdc.gov/

Agência para o Registo de Substâncias Tóxicas e Doenças (ATSDR), 2012. Manganês. www.atsdr.cdc.gov/

Agência para o Registo de Substâncias Tóxicas e Doenças (ATSDR). 2005. [citado; Disponível em: http://www.atsdr.cdc.gov/ToxProfLles/tp.asp?id=245&tid=44

Agência para o Registo de Substâncias Tóxicas e Doenças (ATSDR), 2008. Departamento de Saúde e Serviços Humanos dos EUA. Atlanta, GA: Serviço de Saúde Pública; Toxicological Profile for Chromium.

Ahmad, J. e Goni, M. 2010. Heavy metal contamination in water, soil, and vegetables of the industrial areas in Dhaka, Bangladesh, Environmental Monitoring and Assessment, **166**: 347-357. DOI: 10.1007/s10661-009-1006-6

Ahmad, M. K., Islam, S., Rahman, S., Haque, M. R. e Islam, M. M. 2010. Heavy Metals in Water, Sediment and Some Fishes of Buriganga River, Bangladesh, International Journal of Environmental Research, **4**: 321-332.

Ahmed, A. T. B., Mandal, S., Chowdhury, D. A., Rayhan, M. A., Tareq e Rahman, M. 2012. Bioacumulação de alguns metais pesados no peixe Ayre (*Sperata aor* Hamilton, 1822), sedimento e água do rio Dhaleshwari na estação seca, Bangladesh J. Zool. **40**: 147-153.

Ahmed, M. K., Baki, M. A., Islam, M. S., Kundu, G. K., Sarkar, S. K., Hossain, M. M. 2015a. Avaliação do risco para a saúde humana de metais pesados em peixes tropicais e mariscos recolhidos no rio Buriganga, Bangladesh, Environmental Science and Pollution Research, **22**: 15880-90. http:// dx.doi.org/10.1007/s11356-015-4813-z.

Ahmed, M. K., Shaheen, N., Islam, M. S., Al-Mamun, M. H., Islam, S., Banu, C. P. 2015b. Oligoelementos em dois cereais básicos (arroz e trigo) e implicações de risco para a saúde associadas no Bangladesh, Monitorização e Avaliação Ambiental, **187**: 326-336. DOI: 10.1007/s10661-015-4576-5

Ahmed, M. K., Shaheen, N., Islam, M. S., Al-Mamun, M. H., Islam, S., Mohiduzzaman, M., Bhattacharjee, L. 2015c. Dietary intake of trace elements from highly consumed cultured fish (Labeorohita, Pangasius pangasius and Oreochromis mossambicus) and human health risk implicationsin , Chemosphere, **128**: 284-292. doi:10.1016/j.chemosphere.2015.02.016

Ahmed, F. 1998. Heavy metals in the water and sediment of the Sundarbans Reserved Forest. Dissertação, Universidade de Khulna, Bangladesh.

Akoto, O., BismarkEshun, F., Darko, G. e Adei, E. 2014. Concentrações e Avaliações de Risco para a Saúde de Metais Pesados em Peixes da Lagoa Fosu, Revista Internacional de Pesquisa Ambiental, **8**: 403-410.

Akan, J. C., Abdul-Rahman, F. I., Sodipo, O. A. e Akandu, P. I. 2009. Bioacumulação de alguns metais pesados em seis peixes de água doce capturados no Lago Chade em Doron-Buhari, Estado de Borno, Nigéria, Journal of Applied Science in Environment Sanitation, **4:** 103-114.

Akif, M., Khan, A. R., Sok, K., Min, K. S., Hussain, Z. e Maal-Abrar, M. 2002. Textile effluents and their contribution towards aquatic pollution in the Kabul River (Pakistan), Journal of Chemical Society of Pakistan, **24**: 106111.

Alhashemi, A. H., Sekhavatjou, M. S. e Kiabi, B. H. 2012. Bioacumulação de elementos vestigiais na água, sedimentos e seis espécies de peixes de uma água doce zonas húmidas, Irão, Microchemical Journal, **104**: 1-6. http://dx.doi.Org/10.1016/j.microc.2012.03.002

Al-Bassam, K. e Al-Mukhtar, L. 2008. Minerais pesados nos sedimentos do rio Eufrates, no Iraque. Jornal Iraquiano de Geologia e Minas, **4**: 29-41.

Al-Juboury, A. 2009. Poluição Natural por Alguns Metais Pesados no Rio Tigre, Norte do

Iraque. Jornal Internacional de Investigação Ambiental, **31**: 189-198.

Al-Lami, A. e Al-Jaberi, H. 2002. Heavy Metals in Water, Suspended Particles and Sediment of the Upper-Mid Region of Tigris River, Iraq. Actas do Simpósio Internacional sobre Controlo da Poluição Ambiental e Gestão de Resíduos, Tunis, 7-10 de janeiro de 2002, pp. 97-102.

Ali, M. M., Ali, M. L., Islam, M. S. e Rahman, M. Z. 2016. Avaliação preliminar de metais pesados na água e nos sedimentos do rio Karnaphuli, Bangladesh, Environmental Nanotechnology, Monitoring & Management, **5**: 27-35. http://dx.doi.org/10.1016Zj.enmm.2016.01.002.

Alam, A. M. S., Islam, M. A., Rahman, M. A., Siddique, M. N. e Matin, M. A. 2003. Comparative study of the toxic metals and non-metal status in the major river system of Bangladesh, Dhaka University Journal of Science, **51:** 201-208.

Ali, M. A., Rahman, S. A., Roy, U., Haque, M.F., Islam, M. A. 2010. Problemas e perspectivas do comércio de alevins de peixe no distrito de Jessore, Bangladesh. Mar. Res. Aquat., **1**: 38-45.

Alloway, B. J. e Ayres, D. C. 1997. Chemical Principles of Environmental Pollution. Segunda edição. Blackie Academic & Professional, Londres SEI 8HN, Reino Unido.

Aniol, A. 1995. Aspectos fisiológicos da tolerância ao alumínio associados ao braço longo do cromossoma 2D do genoma do trigo (*Triticum aestivum L.*). Theoretical and Applied Genetics, **91:** 510-516. DOI: 10.1007/BF00222981

Anawar, H. M, Akai J. e Mostofa, K. M. 2002. Envenenamento por arsénico nas águas subterrâneas: Health risk and geochemical sources in Bangladesh, Environment International, **27**: 597-604. http://dx.doi.org/10.1016/S0160- 4120(01)00116-7

Arruti, A., Fernandez-Olmo, I., Irabien, A. 2010. Avaliação da contribuição de fontes locais para os níveis de metais vestigiais em PM2,5 e PM10 urbanas na região da Cantábria (Norte de Espanha). J Environ Monit. **12**: 1451-1458. DOI:10.1039/b926740a [PubMed: 20517581]

Ayas, Z., Ekmekci, G., Yerli, S. V. e Ozmen, M. 2007. Heavy metal accumulation in water, sediments and fishes of Nallihan Bird Paradise, Turkey, Journal of Environmental Biology, **28**: 545-549.

Banu, Z., Chowdhury, M. S. A., Hossain, M. D., Nakagami, K. 2013. Contaminação e Avaliação de Risco Ecológico de Metal Pesado no Sedimento do Rio Turag, Bangladesh: Uma abordagem de análise de índice, Ciências da Terra e do Ambiente, **5**: 239-248. DOI: 10.4236/jwarp.2013.52024.

Bai, J., Xiao, R., Cui, B., Zhang, K., Wang, Q., Liu, X., Gao, H. e Huang, L. 2011. Avaliação da poluição por metais pesados em óleos de zonas húmidas das regiões recuperadas jovens e antigas no estuário do rio das Pérolas, no sul da China. Environmental Pollution, **159**: 817-824. DOI: 10.1016/j.envpol.2010.11.004.

Baker, R. T. M., Martin, P., Davies, S. J. 1997. A ingestão de níveis subletais de sulfato de ferro pelo peixe-gato africano afecta o crescimento e a peroxidação lipídica dos tecidos. AquaticToxicology, **40**: 51-61. http://dx.doi.org/10.1016/S0166-445X(97)00047-7

Balkis, N., Topcuoglu, S., Guven, K. C., Ozturk, B., Topaloglu, B., Kirbasoglu, Q. e Aksu, A. 2007. Heavy metals in shallow sediments from the Black Sea, Marmara Sea and Aegean Sea regions of Turkey, Journal of Black Sea/Mediterranean Environment, **13**: 147-153.

Balkis, N., Aksu, A., Okus, E. e Apak, R. 2010. Concentrações de metais pesados na água, matéria em suspensão e sedimentos da Baía de Gokova, Turquia, Monitorização e Avaliação Ambiental, **167**: 359-370. DOI: 10.1007/s10661-009-1055-x.

Ballatori, N. e Clarkson, T. W. 1985. Biliary secretion of glutathione and of glutathione-metal complexes. Fundamen. Appl. Toxicol., **5**: 816-831.

Banu, Z., Chowdhury, M. S. A., Hossain, M. D. e Nakagami, K. 2013. Contaminação e avaliação de risco ecológico de metais pesados no sedimento do rio Turag, Bangladesh: Uma abordagem de análise de índice. J. Water Resource Prot., **5**: 239-248. DOI: 10.4236/jwarp.2013.52024

Banerjee, N., Nandy, S. e Kearns, J. K. 2011. Polimorfismos nos promotores dos genes TNF-a e IL10 e risco de lesões cutâneas induzidas por arsénico e outros efeitos não dermatológicos na saúde, Toxicological Science, **121**: 132-39. doi: 10.1093/toxsci/kfr046

Bargagli, R. 2000. Trace metals in Antarctica related to climate changes and increasing human impact. Rev. Environ. Contam. Rev Environ Contam Toxicol. **166**: 129-173.

Barceloux, D. G. 1999. Cobalto. J Toxicol Clin Toxicol. **37**: 201-16.

Baselt, R. C., Cravey, R. H. 1995. Disposition of Toxic Drugs and Chemicals in Man. 4th Edn. Chicago, IL: Year Book Medical Publishers; p. 105-107.

Baselt, R. C. 2000. Disposition of Toxic Drugs and Chemicals in Man. 5ª Ed. Foster City, CA: Chemical Toxicology Institute; 2000.

Begum, A., Amin, M. N., Kaneco, S. e Ohta, K. 2005. Selected elemental composition of fish, *Tilapia nilotica*, Cirrhinamrigala and Clariusbatrachus from the fresh water Dhanmondi Lake in Bangladesh, Food Chemistry, **93**: 439-443. doi:10.1016/j.foodchem.2004.10.021

Begum, A., HariKrishna, S. e Khan, I. 2009. Analysis of Heavy metals in Water, Sediments and Fish samples of Madivala Lakes of Bangalore, Karnataka, International Journal of ChemTech Research, **1**: 245-249.

Bhunya, S. P., Pati, C. P. 1987. Genotoxicidade de um pesticida inorgânico, sulfato de cobre, num sistema de teste in vivo em ratos. Cytologia, **52**: 801-808. http://doi.org/10.1508/cytologia.52.801

Bhuyan, M. S., Bakar, M. A., Islam, M. S. e Akhtar, A. 2016. Estado dos Metais Pesados em Alguns Peixes Comercialmente Importantes do Rio Meghna Adjacente ao Distrito de Narsingdi, Bangladesh: Avaliação do risco para a saúde, American Journal of Life Sciences, **4**: 60-70. doi:10.11648/j.ajls.20160402.17

Bhuyan, M. S., Islam, M. S. 2017. Uma revisão crítica da poluição por metais pesados e seus efeitos em Bangladesh. Economia Ambiental e Energética. **2**: 12-25. doi: 10.11648/j.eee.20170201.12

Bhuiyan, M. A. H., Dampare, S. B., Islam, M. A e Suzuki, S. 2014. Distribuição de fontes e avaliação da poluição de metais pesados na água e sedimentos do rio Buriganga, Bangladesh, usando análise multivariada e índices de avaliação da poluição, Monitoramento e Avaliação Ambiental, **187**: 40-75, DOI: 10.1007 / s10661-014-4075-0.

Bondy, S. C., Cambell, A. 2001. Propriedades oxidativas e inflamatórias do alumínio:

possível relevância na doença de Alzheimer. In: Exley C (ed.): Aluminium and Alzheimer's disease. 1.ª ed. Elsevier Science, Amesterdão. 311-321.

Bowen, H. J. M. 1979. Environmental Chemistry of the Elements. London: Academic Press.

Bouchard, M., Laforest, F., Vandelac, L., Bellinger, D., Mergler, D. 2007. Manganês no cabelo e comportamentos hiperactivos: Estudo piloto de crianças em idade escolar expostas através da água da torneira. Environ Health Perspect. **115**: 122-127. doi: 10.1289/ehp.9504

Bouchard, M. F., Sauve, S., Barbeau, B., Legrand, M., Brodeur, M. E., Bouffard, T., Limoges, E., Bellinger, D. C., Mergler, D. 2011. Deficiência intelectual em crianças em idade escolar expostas ao manganês da água potável. Environ Health Perspect, **119**: 138-143. doi: 10.1289/ehp.1002321

Brahmachari, H. D., Joseph, S. 1973. Cobalt compounds for the control of hypoxic stress. Aerosp Med. **44**: 636-638.

Bradl, H. 2002. Heavy Metals in the Environment: Origin, Interaction and Remediation Volume 6. London: Academic Press.

Brenner, F. J., Corbett, S., Shertzer, R. 1976. Effect of ferric hydroxide suspensions on blood chemistry in the common shiner, Notropus cornutus. Transactions of the American Fisheries Society, **105**: 450-455. http://dx.doi.org/10.1577/1548-8659(1976)105<450:EOFHSO>2.0.CO;2

Bubb, J. M., Lester, J. N. 1991. The impact of heavy metals on low land rivers and the implications for man and the environment. Science of The Total Environment, **100**: 207-233. http://dx.doi.org/10.1016/0048-9697(91)90379-S

Camusso, M., Vigano, L. e Baitstrini, R. 1995. Bioaccumulation of trace metals in rainbow trout, Ecotoxicology and Environmental Safety, **31**: 133141. DOI: 10.1006/eesa.1995.1053

Cantle, J. E. 1982. Atomic Absorption Spectrometry (Espectrometria de Absorção Atómica). Elsevier Scientific publishing Company, Nova Iorque, pp.159 -160.

Castro-Gonzeza, I. M., M0ndez-Armentab, M. 2008. Metais pesados: Implicações associadas ao consumo de peixe. Environmental Toxicology and Pharmacology, **26**: 263-271. http://dx.doi.org/10.1016/j.etap.2008.06.001

Cawte, J., Hams, G., Kilburn, C. 1987. Manganismo num complexo étnico neurológico no norte da Austrália [Carta]. Lancet 1(8544): 1257.

CDC, 2010. Breastfeeding Report Card, Estados Unidos: Indicadores de resultados (Publicação, dos Centros de Controlo e Prevenção de Doenças, Inquérito Nacional de Imunização. 2010. [Último acesso em 11 de maio de 2010]. http://www.cdc.gov/breastfeeding/data/index.htm .

Centros de Controlo e Prevenção de Doenças (CDCP), 2001. Managing Elevated Blood Lead Levels Among Young Children: Recommendations From the Advisory Committee on Childhood Lead Poisoning Prevention (Recomendações do Comité Consultivo para a Prevenção do Envenenamento por Chumbo na Infância). Atlanta.6

Censi, P., Spoto, S. E., Saiano, F., Sprovieri M. e Mazzola, S. 2006. Heavy metals in Coastal water system. Um estudo de caso do Golfo Noroeste da Tailândia. Chemosphere, **64**: 1167-1176. http://dx.doi.org/10.1016/j.chemosphere.2005.11.008

Choi, B. H., Cho, K. H. e Lapham, L. W. 1981. Effects of methylmercury on human fetal neurons and astrocytes in vitro: a time-lapse cinematographic, phase and electron microscopic study. Environ. Res., **24**: 61-74. http://dx.doi.org/10.1016/0013-9351(81)90132-8

Clarkson, T. W., Magos, L., Myers, G. J. 2003. The toxicology of mercury- current exposures and clinical manifestations (A toxicologia do mercúrio - exposições actuais e manifestações clínicas). N Engl J Med. **349**: 1731-1737. DOI:10.1056/NEJMra022471 [PubMed: 14585942]

Claus Henn, B., Ettinger, A. S., Schwartz, Tellez-Rojo, M. M., Lamadrid-Figueroa, H., Hernandez-Avila, M., Schnaas, L., Amarasiriwardena, C., Bellinger, D. C., Hu, H., Wright, R. O. 2010. Early postnatal blood manganese levels and children's neurodevelopment (Níveis de manganês no sangue pós-natal precoce e neurodesenvolvimento infantil). Epidemiology. **21**: 433439.

Claus Henn, B., Schnaas, L., Ettinger, A. S., Schwartz, J., Lamadrid-Figueroa, H., Hernandez-Avila, M., Amarasiriwardena, C., Hu, H., Bellinger, D. C., Wright, R. O., Tellez-Rojo, M. M. 2012. Associações da co-exposição de manganês e chumbo na primeira infância com o neurodesenvolvimento. Environ Health Perspect. **120**: 126-31. doi: 10.1289/ehp.1003300.

Cohen, M. D., Kargacin, B., Klein, C. B., Costa, M. 1993. Mecanismos de carcinogenicidade e toxicidade do crómio. Crit Rev Toxicol. **23**: 255-281. DOI: 10.3109/10408449309105012 [PubMed: 8260068]

Copat, C., Bella, F., Castaing, M., Fallico, R., Sciacca, S. e Ferrante, M. 2012. Concentrações de Metais Pesados em Peixes da Sicília (Mar Mediterrâneo) e Avaliação de Possíveis Riscos para a Saúde dos Consumidores, Boletim de Contaminação Ambiental e Toxicologia, **88**: 78-83. DOI: 10.1007/s00128-011-0433-6

Comissão das Comunidades Europeias, 2001. Regulamento (CE) nº 221/2002 da Comissão, de 6 de fevereiro de 2002, que altera o Regulamento (CE) nº 466/2002 que fixa os teores máximos de certos contaminantes presentes nos géneros alimentícios. Jornal Oficial das Comunidades Europeias, Bruxelas, 6 de fevereiro de 2002.

Czarnek, K., Terpilowska, S., Siwicki, A. K. 2015. Aspectos selecionados da ação dos iões de cobalto no corpo humano. Revista Centro-Europeia de Imunologia, **40**: 236-242. DOI: 10.5114/ceji.2015.52837

Dalzell, D. J. B., MacFarlane, N. A. A. 1999. The toxicity of iron to brown trout and effects on the gills-a comparison of two grades of iron sulphate. Journal of Fish Biology, **55**: 301-315. DOI: 10.1111/j.1095-8649.1999.tb00680.x

Das, B., Y. S. A., Khan e Sarker, M. A. K. 2002. Trace metal concentration in water of the Karnafully river estuary of the Bay of Bengal. Jornal Paquistanês de Ciências Biológicas, **5**: 607-608. DOI: 10.3923/pjbs.2002.607.608.

Das, M., Ahmed, M. K., Islam, M. S., Islam, M. M e Akter, M. S. 2011. Heavy metals in industrial effluents (Tannery and Textile) and adjacent rivers of Dhaka city, Bangladesh, Terrestrial and Aquatic Environmental Toxicology. **5**: 8-13.

Darago, A., Sapota, A. 2011. Kobalt i jego *zwiqzki* nieorganiczne- w przeliczeniu na Co. Podstawy i Metody Oceny Srodowiska Pracy, **3**: 47-94.

Datta, D. K. e Subramanian, V. 1998. Distribuição e fracionamento de metais pesados nos sedimentos de superfície do sistema fluvial Ganges-Brahmaputra-Meghna na bacia de Bengala. Environ. Geol. **36**: 93-101.

Delhaize, E., Ryan, P. R. 1995. Toxicidade e tolerância do alumínio nas plantas. Plant Physiol. **107:** 315-321.

Delhaize, E., Hebb, D. M., Richards, K. D., Lin, J. M., Ryan, P. R., Gardner, R. C. 1999. Clonagem e expressão de um cDNA da fosfatidilserina sintase do trigo (Triticum aestivum L.): A sobreexpressão em plantas altera a composição dos fosfolípidos. J Biol Chem. **274:** 7082-7088.

De Matteis, F., Gibbs, A. H. 1977. Inibição da síntese de heme causada pelo cobalto no fígado de ratos. Evidência de dois locais de ação diferentes. Biochem J. **162**: 213216.

Dey, S., Das, J e Manchur, M. A. 2015. Estudos sobre a poluição por metais pesados do rio Karnaphuli, Chittagong, Bangladesh, IOSR Journal of Environmental Science, Toxicology and Food Technology, **9**: 79-83.

Dreher, T. 2003. Evaluation of graphical and multivariate methods for classification of water chemistry data, Hydrogeology Journal, **11**: 605-606.

Duffus, J. H. 2002. Metais pesados - um termo sem sentido? Pure Appl Chem. **74**: 793807. http://dx.doi.org/10.1351/pac200274050793

Duruibe, J. O., Ogwuegbu, M. C., Egwurugwu, J. N. 2007. Poluição por metais pesados e efeitos biotóxicos humanos. Jornal Internacional de Ciências Físicas, **2**: 112-118.

Davidson, W. 1993. Iron and manganese in lakes. Earth-Science Reviews, **34**: 119-163. http://dx.doi.org/10.1016/0012-8252(93)90029-7

Eaton, R. P. 1973. Glucagon secretion and activity in the cobalt chloride-treated rat. American Journal of Physiology, **225**: 67-72.

CE (Comissão Europeia), 2005. Regulamento da Comissão, n.º 78/2005, que altera o Regulamento (CE) n.º 466/2001 no que respeita aos metais pesados L 16/43 45. Disponível em :

http://eurlex.europa.eu/LexUriServ/LexUriServ.do?uri=OJ:L:2005:016:0043:0 0 45:PT:PDF.

CE (Comissão Europeia), 1998. Diretiva 98/83/CE do Conselho, de 3 de novembro de 1998, relativa à qualidade da água destinada ao consumo humano. L 330/32, 5.12.98.

EPA (Agência de Proteção do Ambiente), 1986. Office of Water Policy and Technical Guidance on Interpretation and Implementation of Aquatic Life Metals Criteria

(Gabinete de Política da Água e Orientação Técnica sobre a Interpretação e Implementação dos Critérios de Metais para a Vida Aquática).

EPA (Agência de Proteção do Ambiente), 2002. Avaliação dos riscos: Informação técnica de base. Tabela RBG. Disponível em http://www.epa.gov./reg3hwmd/risk (atualização em linha: 23.03.2009).

União Europeia (UE), 1998. Normas da UE para a água potável, Diretiva 98/83/CE do Conselho relativa à qualidade da água destinada ao consumo humano.

União Europeia (UE), 2006. Fixação de teores máximos para certos contaminantes presentes nos géneros alimentícios, Regulamento (CE) n.º 1881/2006 da Comissão; JO L 364 de 20.12.2006, 5p.

União Europeia (UE), 2002. Heavy Metals in Wastes, Comissão Europeia para o Ambiente. Disponível em http://ec.europa.eu/environment/waste/ studies/pdf/heavymetalsreport.pdf

Exley, C., Chappel, J. S., Birchal, J. D. 1991. Um mecanismo para a toxicidade aguda do alumínio em peixes. Journal of Theoretical Biology, **151**: 417-428. http://dx.doi.org/10.1016/S0022-5193(05)80389-3

Exley, C., Pinnegar, K. J., Taylor, H. 1997. Hidroxialuminosilicatos e toxicidade aguda do alumínio em peixes. Journal of Theoretical Biology, **189**: 133-139. http://dx.doi.org/10.1006/jtbi.1997.0501

Ezaki, B., Koyanagi, M., Gardner, R. C., Matsumoto, H. 1997. Sequência nucleotídica de um cDNA para o inibidor de dissociação de GDP (GDI) que é induzido por stress de iões de alumínio (Al) em cultura de células de tabaco (número de acesso AF01-2823) (PGR 97-133). Plant Physiol. **115:** 314.

FAO, 1995. Anuário da FAO: Estatísticas da pesca Capturas e desembarques 1993. Organização das Nações Unidas para a Alimentação e a Agricultura, Roma, Itália. **76**: 687.

Fahmy, M. A. 2000. Potencial genotoxicidade em ratos tratados com sulfato de cobre. Cytologia, **65**: 235-242. http://doi.org/10.1508/cytologia.65.235

Fang, Y., Sun, X. e Yang, W. 2014. Concentrações e riscos para a saúde de chumbo, cádmio, arsénio e mercúrio no arroz e cogumelos comestíveis na China, Food Chemistry, **147**:

147-51. doi:10.1016/j.foodchem.2013.09.116

Farias, A. C., Cunha, A., Benko, C. R., McCracken, J. T., Costa, M. T., Farias, L. G., Cordeiro, M. L. 2010. Manganês em crianças com transtorno de défice de atenção/hiperatividade: Relação com a exposição ao metilfenidato. J Child Adolesc Psychopharmacol. **20**: 113-8. doi: 10.1089/cap.2009.0073.

Fergusson, J. E. 1990. The Heavy Elements: Chemistry, Environmental Impact and Health Effects. Oxford: Pergamon Press.

Fernandes, C., Fontamhas-Fernandes, A., Cabral, D. e Salgado, M. A. 2008. Heavy metals in water, sediment and tissues of Liza saliens from Esmoriz- Paramos lagoon, Portugal, Environmental Monitoring and Assessment, **136**: 267-275. DOI: 10.1007/s10661-007-9682-6.

Filon, F. L., D'Agostin, F., Crosera, M. 2009. Absorção in vitro de pós metálicos através da pele humana intacta e danificada. Toxicology in Vitro, **23**: 574-579. http://dx.doi.org/10.1016Zj.tiv.2009.01.015

Finley, J. W., Penland, J. G., Pettit, R. E., Davis, C. D. 2003. A ingestão de manganês na dieta e o tipo de lípido não afectam as medidas clínicas ou neuropsicológicas em mulheres jovens saudáveis. J Nutr. **133**: 2849-56.

Flora, S. J. S., Mehta, A., Satsangi, K., Kannan, G. H., Gupta, M. 2003. Stress oxidativo induzido pelo alumínio no cérebro de ratos: resposta à administração combinada de ácido cítrico e HEDTA. Comparative Biochemistry and Physiology Part C: Toxicology & Pharmacology, **134**: 319-328. http:ZZdx.doi.orgZ10.1016ZS1532-0456(02)00269-7

Flora, S. J. S., Flora, G. J. S., Saxena, G. 2006. Ocorrência ambiental, efeitos na saúde e gestão do envenenamento por chumbo. In: Cascas, SB.; Sordo, J., editores. Lead: Chemistry, Analytical Aspects, Environmental Impacts and Health Effects. Países Baixos: Publicação Elsevier; p. 158-228.

Forti, E., Salovaara, S. e Cetin, Y. Bulgheroni, A., Tessadri, R., Jennings, P., Pfaller, W. e Prieto, P. 2011. In vitro evaluation of the toxicity induced by nickel soluble and particulate forms in human airway epithelial cells, Toxicology in Vitro, **25**: 454-61. doi:10.1016/j.tiv.2010.11.013.

Forstner, U. 1983. Concentração de metais nas águas de rios, lagos e oceanos. Em Forstner

U e Whitman G, T. (eds). Metal pollution in the Aquatic Environments Springer verlag. Nova Iorque P 77-109.

Friedman, B. J., Freeland-Graves, J. H., Bales, C. W., Behmardi, F., Shorey-Kutschke, R. L., Willis, R. A. 1987. Manganese balance and clinical observations in young men fed a manganese deficient diet (Equilíbrio de manganês e observações clínicas em homens jovens alimentados com uma dieta deficiente em manganês). J Nutr. **117**: 133-43.

Galar-Martinez, M., Gomez-Olivan, L. M., Amaya-Chavez, A., Razo-Estrada, A. C., Garcia-Medina, S. 2010. Stress oxidativo induzido em Cyprinus carpio por contaminantes presentes na água e no sedimento da albufeira de Madm. Jornal de Ciência Ambiental e Saúde, Parte A, **45**: 875-882. http://dx.doi.org/10.1080/10934520903425780

Gallego, F. J., Benito, C. 1997. Controlo genético da tolerância ao alumínio no centeio (Secale cereale L.). Genética Teórica e Aplicada. **95:** 393-399. DOI: 10.1007/s001220050575

Gao, X., Chen, C.T.A., Wang, G., Xue, Q., Tang, C. e Chen, S. 2009. Environmental status of day a bay surface sediments inferred from a sequential extraction technique, Estuarine, Coastal and Shelf Science, **86**: 369-378. doi:10.1016/j.ecss.2009.10.012

Garcia-Medina, S., Razo-Estrada, A. C., Gomez-Olivan, L. M., Amaya-Chavez, A., Madrigal-Bujaidar, E., Galar-Martinez, M. 2010. Stress oxidativo induzido pelo alumínio nos linfócitos da carpa comum (*Cyprinus carpio*). Fish Physiology and Biochemistry, **36**: 875-882. D0I:10.1007/s10695-009- 9363-1

Garcia-Medina, S., Razo-Estrada, C., Galar-Martinez, M., Cortez-Barberena, E., Gomez-Olivan, L. M., Alvarez-Gonzalez, I., Madrigal-Bujaidar, E. 2011. Efeitos genotóxicos e citotóxicos induzidos pelo alumínio nos linfócitos da carpa comum (*Cyprinus carpio*). Comparative Biochemistry and Physiology Part C: Toxicology & Pharmacology, **153**: 113-118. http://dx.doi.org/10.1016/j.cbpc.2010.09.005

Gensemer, R. W., Playle, R. C. 1999. A biodisponibilidade e a toxicidade do alumínio em ambientes aquáticos. Revisões Críticas em Ambiente Ciência e Tecnologia, **29**: 315-450.

http://dx.doi.org/10.1080/10643389991259245

Gesamp, 1987. Grupo conjunto de peritos da OMI/FAO/UNESCO/WMO/OMS/IAEA/UN/UNEP sobre os aspectos científicos da poluição marinha: Relatório da décima sétima sessão. Genebra, Suíça: Organização Mundial de Saúde (Relatórios e Estudos nº 31).

Gibbs, 1977; Moger, 1983; Hoet et al. 2002. Nas brânquias dos peixes, a toxicidade do cobalto provoca a oxidação do sangue e o bloqueio do cálcio inorgânico (Yamatani et al. 1998; Bargagli, 2000).

Gilmour, G. G., Tuttle, T. H, Means, J. C. 1985. Tin methylation in sulphide bearing sediment in marine and estuarine geochemisty. Siglo, A.C., Hatton, A., (eds) Chelsea, Michigan: Lewis publishers, p.239-258.

Goldsmith, J., Herishanu, Y., Abarbanel, J. M., Weinbaum, Z. 1990. O agrupamento da doença de Parkinson aponta para a etiologia ambiental. Arch Environ Health. **45**: 88-94.

Goyer, R. A. 2001. Efeitos tóxicos dos metais. In: Klaassen, CD., editor. Cassarett and Doull's Toxicology: The Basic Science of Poisons. Nova Iorque: McGraw- Hill Publisher; p. 811-867.

Granchi, D., Cenni, E., Tigani, D. 2008. Sensibilidade aos materiais de implante em pacientes com artroplastia total do joelho. Biomaterials. **29**: 1494-1500. DOI:10.1016/j.biomaterials.2007.11.038

Greany, K. M. 2005. An assessment of heavy metal contamination in the marine sediments of Las Perlas Archipelago, Gulf of Panama, M.S. thesis, School of Life Sciences Heriot-Watt University, Edinburgh, Scotland.

Grigoratos, T., Samara, C., Voutsa, D., Manoli, E. e Kouras, A. 2014. Composição química e fechamento de massa de partículas grossas ambientais em locais de tráfego e de fundo urbano em Salónica, Grécia. Ciência Ambiental e Investigação da Poluição, **21**: 7708-7722. DOI: 10.1007/s11356-014-2732-z

Gromysz-Kalkowska, K. e Szubartowska, E. 1999. Aluminium - its ecological roleand toxicity for animals. MedycynaWeterynaryjna, **55**: 229-223.

Gwozdzinski, K. 1995. Alterações estruturais nos componentes dos eritrócitos induzidas pelo cobre e pelo mercúrio. Radiation Physics and Chemistry, **45**: 877-882.

http://dx.doi.org/10.1016/0969-806X(94)E0040-P

Hassan, F., Saleh, M., Salman, J. 2010. Um Estudo de Parâmetros Físico-Químicos e Nove Metais Pesados no Rio Eufrates, Iraque. E-Journal of Chemistry, **7**: 685-692. doi:10.1155/2010/906837

Hassan, M., Mirza, A. T. M., Rahman, T., Saha, B. e Kamal, A. K. I. 2015. Status de metais pesados na água e sedimentos do rio Meghna, Bangladesh. American J of Environ. Sci., **11**: 427.439. DOI: 10.3844/ajessp.2015.427.439

He, P., Liu, D., Zhang, G. 1994. Efeitos da irrigação de esgoto com alto nível de manganês no neurocomportamento das crianças. Zhonghua Yu Fang Yi Xue Za Zhi. **28**: 216-218.

He, Z. L., Yang, X. E., Stoffella, P. J. 2005. Elementos vestigiais em agroecossistemas e impactos no ambiente. Journal of Trace Elements in Medicine and Biology, **19**: 125-140. http://dx.doi.org/10.1016/j.jtemb.2005.02.010 [PubMed: 16325528]

He, Z., Song, J., Zhang, N., Zhang, P. e Xu, Y. 2009. Caraterísticas de variação e risco ecológico de metais pesados nos sedimentos de superfície do sul do Mar Amarelo, Environmental Monitoring and Assessment, **157**:515-528. doi: 10.1007/s10661-008-0552-7.

Herawati, N., Suzuki, S., Hayashi, K., Rivai, I. F., Koyoma, H. 2000. Níveis de cádmio, cobre e zinco no arroz e no solo do Japão, Indonésia e China por tipo de solo. Bull Environ Contam Toxicol. **64**: 33-39. [PubMed: 10606690]

Hoet, P. H., Roesems, G., Demedts, M. G., Nemery, B. 2002. Ativação do shunt de monofosfato de hexose em pneumócitos de rato tipo II como marcador precoce de stress oxidativo causado por partículas de cobalto. Archives of Toxicology **76**: 1-7. DOI: 10.1007/s00204-001-0300-z

Hogstrand, C., Haux, C. 2001. Binding and detoxification of heavy metals in lower vertebrates with reference to metallothionein (Ligação e desintoxicação de metais pesados em vertebrados inferiores com referência à metalotioneína). Comparative Biochemistry and Physiology Part C: Comparative Pharmacology **100**: 137-141. http://dx.doi.org/10.1016/0742-8413(91)90140-O

Horst, W. J. Schmohl, N., Kollmeier, M., Baluska, F., Sivaguru, M. 1999. Será que o alumínio inibe o crescimento da raiz do milho através da interação com o continuum parede celular-membrana plasmática-citoesqueleto? Plant and Soil, **215**: 163-174. DOI: 10.1023/A:1004439725283

Hossain, M. M. A., Kibria, G., Mallick, D., Lau, T. C., Wu, R., Nugegoda, D. 2015. Monitoramento da poluição em rios, estuários e áreas costeiras de Bangladesh com tecnologia de mexilhão artificial (AM). DOI: 10.13140/2.1.1808.4646.

Huang, B. W. 2003. Concentrações de metais pesados nos peixes bentónicos comuns capturados nas águas costeiras de Taiwan Oriental. Journal of food and drug analysis, **11**: 324-330.

Ideriah T. J. K., David-Omiema S., Ogbonna D. N. 2012. Distribuição de Metais Pesados na Água e Sedimentos ao longo da Linha de Costa de Abonnema, Nigéria. Recursos e Ambiente, **2**: 33-40. DOI: 10.5923/j.re.20120201.05

Ikema, A., Egieborb, N. 2005. Avaliação de oligoelementos em conservas de peixe (cavala, atum, salmão, sardinhas e arenques) comercializadas na Geórgia e no Alabama (Estados Unidos da América). Journal of Food Composition and Analysis, **18**: 771-787. http://dx.doi.org/10.1016/j.jfca.2004.11.002

Agência Internacional de Investigação do Cancro (IARC), 1993. Monografias - Cádmio. Lyon, França.

Instituto de Medicina, 2002. Dietary Reference Intakes for Vitamin A, Vitamin K, Arsenic, Boron, Chromium, Copper, Iodine, Iron, Manganese, Molybdenum, Nickel, Silicon, Vanadium, and Zinc. Institute of Medicine of the National Academies, The National Academy Press, 2101 Constitution Avenue, NW, Washington, DC, 773p.

Programa Internacional de Segurança Química (IPCS), 1997. Aluminum Environmental Health Criteria 194 (Critérios de Saúde Ambiental do Alumínio). Genebra: Organização Mundial de Saúde.

Irwandi, J. e Farida, O. 2009. Mineral and heavy metal contents of marine fin fish in Langkawi Island, Malaysia, International Food Research Journal, **16**: 105-112.

Islam, M. S., Ahmed, M. K., Habibullah-Al-Mamun, M., Islam, K. N., Ibrahim, M. e Masunaga, S. 2014. Arsénio e chumbo nos alimentos: uma potencial ameaça à saúde humana no Bangladesh, Aditivos Alimentares e Contaminantes Parte A Controlo Analítico Químico Avaliação do Risco de Exposição, **31**: 1982-1992. DOI: 10.1080/19440049.2014.974686.

Islam, M. S., Ahmed, M. K., Habibullah-Al-Mamun, M., Hoque, M. F. 2015a. Avaliação preliminar da contaminação por metais pesados em sedimentos de superfície de um rio em Bangladesh, Ciências Ambientais da Terra, **73**: 1837-1848. DOI: 10.1007/s12665-014-3538-5.

Islam, M. S., Ahmed, M. K., Raknuzzaman, M., Habibullah-Al-Mamun, M., Masunaga, S. 2015b. Especiação de metais em sedimentos e sua bioacumulação em espécies de peixes de três rios urbanos em Bangladesh, Archives of Environmental Contamination and Toxicology, **68**: 92-106.DOI: 10.1007/s00244-014-0079-6.

Islam, M. S., Ahmed, M. K., Raknuzzaman, M., Habibullah-Al-Mamun, M., Islam, M. K. 2015c. Poluição por metais pesados em águas superficiais e sedimentos: uma avaliação preliminar de um rio urbano em um país em desenvolvimento, Indicadores Ecológicos, **48**: 282-291. doi:10.1016/j.ecolind.2014.08.016.

Islam, M. S., Ahmed, M. K., Raknuzzaman, M., Habibullah-Al-Mamun, M., Masunaga, S. 2015d. Avaliação de metais vestigiais em espécies de peixes de rios urbanos no Bangladesh e implicações para a saúde. Environ. Toxicol. Pharmacol. **39**: 347-357.

Islam, M. S., Ahmed, M. K. e Al-Mamun, M. H. 2014. Determinação de Metais Pesados em Peixes e Vegetais em Bangladesh e Implicações para a Saúde, Avaliação de Riscos Humanos e Ecológicos: Avaliação de Riscos Humanos e Ecológicos: Um Jornal Internacional, **21**: 986-1006 http://dx.doi.org/10.1080/10807039.2014.950172

Islam, F., Rahman, M., Khan, S. S. A., Ahmed, B., Bakar, A e Halder, M. 2013. Metais pesados na água, sedimentos e alguns peixes do rio Karnofuly, Bangladesh, Poll Res. **32**: 715-721.

Ismail, I. e Saleh, I. M. 2012. Análise de metais pesados em amostras de água e peixe (*Tilapia* sp.) de Tasik Mutlara, Puchong, Malaysian Journal of Analytical Sciences, **16**:

346 - 352.

Iwami, O., Watanabe, T., Moon, C. S., Nakatsuka, H., Ikeda, M. 1994. Doença do neurónio motor na Península de Kii no Japão: Excesso de ingestão de manganês nos alimentos associado a um baixo teor de magnésio na água potável como fator de risco. Science of The Total Environment, **149**: 121-135. http://dx.doi.org/10.1016/0048-9697(94)90010-8

Jacobs, J. A., Testa, S. M. 2005. Panorama do crómio (VI) no ambiente: antecedentes e história. In: Guertin, J.; Jacobs, JA. Avakian, CP., editores. Chromium (VI) Handbook. Boca Raton, Fl: CRC Press; p. 1-22.

Jaillon, L. e Poon, C. S. 2009. A evolução dos sistemas de construção residencial pré-fabricada em Hong Kong: A review of the public and the private sector, Automation in Construction, **18**: 239-248. http://dx.doi.org/10.1016/j.autcon.2008.09.002.

Jordão, C. P., Pereira, M.G., Bellato, C. R., Pereira, J. L. e Matos, A. T. 2002. Avaliação de sistemas hídricos quanto à presença de contaminantes provenientes de esgotos domésticos e industriais. Monitorização e Avaliação Ambiental, **79**: 75-100. DOI: 10.1023/a: 1020085813555

Kalinich, J. F., Emond, C. A., Dalton, T. K., Mog, S. R., Coleman, G. D. 2005. Os estilhaços de liga de tungsténio para armas incorporados induzem rapidamente rabdomiossarcomas metastáticos de alto grau em ratos F344. Environ Health Perspect, **113**: 729-734. doi: 10.1289/ehp.7791

Kamal, J., Elnabris, Shareef, K. Muzyed, Nizam, El-Ashgar, M. 2012. Concentrações de metais pesados em alguns peixes comercialmente importantes e a sua contribuição para a exposição a metais pesados na população palestiniana da Faixa de Gaza (Palestina), Journal of the Association of Arab Universities for Basic and Applied Sciences, **13**: 44-51. http://dx.doi.org/10.1016/j.jaubas.2012.06.0

Kassim, T., Al-Saadi, H., Al-Lami, A. e Al-Jaberi, H. 1997. Heavy Metals in Water, Suspended Particles, Sediments and Aquatic Plants of the Upper Region of Euphrates River, Iraq (Metais pesados na água, partículas em suspensão, sedimentos e plantas aquáticas da região superior do rio Eufrates, Iraque). Journal of Environmental Science and Health, **32**: 2497-2506. doi:10.1080/10934529709376698

Kassim, A., Rezayi, M., Ahmadzadeh, S., Rounaghi, G., Mohajeri, M., Yusof, N. A., Tee, T. W., Heng, L. Y. e Abdullah, A. H. 2011. Um novo sensor de membrana polimérica selectiva de iões para determinar o tálio (I) com elevada seletividade, IOP Conf. Series: Ciência e Engenharia dos Materiais, **17**: 1-7 doi: 10.1088/1757 899X/17/1/012010.

Keen, C. 1994. Aspectos nutricionais e toxicológicos da ingestão de manganês: Uma visão geral. In: Mertz W, Abernathy CO, Olin SS, editores. Risk assessment of essential elements. Washington DC: ILSI Press; p. 221-35.

Khadse, G. K., Patni, P. M., Kelkar, P. S. e Devotta, S. 2008. Qualitative evaluation of Kanhan River and its tributaries flowing over central Indian plateau. Environmental Monitoring and Assessment, **147**: 83-92. DOI: 10.1007/s10661-007-0100-x.

Khan, Y. S. A., Hossain, M. S., Hossain, S. M. G. A. e Halimuzzaman, A. H. M. 1998. An environment of trace metals in the GBM Estuary, Journal of Remote sensing and Environment, **2**: 103-113.

Khan, S., Cao, Q., Zheng, Y. M., Huang, Y. Z. e Zhu, Y. G. 2008. Health risks of heavy metals in contaminated soils and food crops irrigated with waste water in Beijing, China (Riscos para a saúde dos metais pesados em solos contaminados e culturas alimentares irrigadas com águas residuais em Pequim, China). Environmental Pollution, **152**: 686-692. doi:10.1016/j.envpol.2007.06.056

Kibria, G., Haroon, A. K. Y., Nugegoda, D., Rose, G. 2010. Alterações climáticas e produtos químicos - aspectos biológicos ambientais. 472p. DOI:10.13140/2.1.4384.0963. ISBN 9789-38-0235-301.

Kibria, G. 2016. Trace metals/heavy metals e o seu impacto no ambiente, na biodiversidade e na saúde humana - Uma breve revisão. 5p. DOI: 10.13140/RG.2.1.3102.2568.

Kibria, G., Hossain, M. M., Mallick, D., Lau, T. C., Wu, R., 2016a. Monitoramento da poluição por metais em cursos d'água em Bangladesh e implicações ecológicas e de saúde pública da poluição. Chemosphere. **165**: 1-9. http://dx.doi.org/10.1016/j.chemosphere.2016.08.121

Kibria, G., Hossain, M. M., Mallick, D., Lau, T. C., Wu, R., 2016b. Monitorização da poluição por metais pesados no estuário e na zona costeira da Baía de Bengala,

Bangladesh, e impactos implicados. Marine Pollution Bulletin, **105**: 93-402. http://dx.doi.org/10.1016/j.marpolbul.2016.02.021

Kilburn, C. J. 1987. Manganês, malformações e perturbações motoras: Resultados numa população exposta ao manganês. Neurotoxicologia. **8**: 421-429.

Kim, Y., Kim, B. N., Hong, Y. C., Shin, M., Yoo, H. J., Kim, J. W., Bhang, S. Y., Cho, S. Y. 2009. A coexposição ao chumbo e ao manganês ambientais afecta a inteligência das crianças em idade escolar. NeuroToxicology, **30**: 564571. http://dx.doi.org/10.1016/j.neuro.2009.03.012

Kinne, O., Rosenthal, H. 1967. Effects of sulphuric water pollutants on fertilisation, embryonic development, and larvae of the herring, Clupea harengus. Marine Biology, **1**: 65-83. DOI: 10.1007/BF00346697

Kollmeier, M., Felle, H. H., Horst, W. J. 2000. As diferenças genotípicas na resistência do milho ao alumínio são expressas na parte distal da zona de transição. A redução do fluxo de auxina basipetal está envolvida na inibição do alongamento da raiz pelo alumínio? Plant Physiol. **122**: 945-956.

Kondakis, X. G., Makris, N., Leotsinidis, M. Prinou, M., Papapetropoulos, T. 1989. Possible health effects of high manganese concentration in drinking water. Arch Environ Health. **44**: 175-178.
DOI: 10.1080/00039896.1989.9935883

Krewski, D., Yokel, R. A., Nieboer, E., Borchelt, D., Cohen, J., Harry, J., Kacew, S., Lindsay, J., Mahfouz, A. M., Rondeau, V. 2007. Human Health Risk Assessment for Aluminium, Aluminium Oxide, and Aluminium Hydroxide (Avaliação dos Riscos para a Saúde Humana do Alumínio, Óxido de Alumínio e Hidróxido de Alumínio). Jornal de Toxicologia e Saúde Ambiental, Parte B, **10**: 1269. http://dx.doi.org/10.1080/10937400701597766

Lappivaara, J., Kiviniemi, A., Oikari, A. 1999. Bioacumulação e efeitos fisiológicos subcrónicos da sobrecarga de ferro na água em peixes brancos expostos a águas húmicas e não húmicas. Arch Environ Contam Toxicol, **37**: 196-204.

Larson, K., Olsen, S. 1950. Ochre suffocation of fish in the river Tim Aa. Relatório da Estação Biológica Dinamarquesa, **6**: 3-27.

Leggett, R. W. 2008. A biocinética do cobalto inorgânico no corpo humano. Science of The Total Environment, **389**: 259-269. http://dx.doi.Org/10.1016/j.scitotenv.2007.08.054

Liu, C., Xu, J., Zhang, P. e Dai, M. 2009. Metais pesados nos sedimentos de superfície emLanzhou Reach of Yellow River, China. Bull. Environ. Contam. Toxicol. **82**: 26-30. DOI: 10.1007/s00128-008-9563-x

Lukaszewski, K. M., Blevins, D. G. 1996. A inibição do crescimento da raiz em abóboras com deficiência de boro e stress de alumínio pode ser o resultado de um metabolismo deficiente do ascorbato. Plant Physiol. **112:** 1135-1140. doi: 10.1080/10937400701597766

Lukowicz, M. 1976. O teor de ferro na água e o seu efeito nos peixes (em alemão). Fisch und Umwelt, **2**: 85-92.

Luoma, S. N. 1989. Can we determine the bioavailability of sediment bound trace metals. Hydrobiology, **176-177**: 370- 376.

Lydersen, E., Salbu, B., Poleo, A. B. S., Muniz, I. P. 1990. A influência da temperatura na química do alumínio aquoso. Water, Air, and Soil Pollution, **51**: 203-215. DOI: 10.1007/BF00158219

Manahan, S. E. 2003. Toxicological Chemistry and Biochemistry, CRC Press, Limited Liability Company (LLC), 3ª edição.

Marienfeld, S., Schmohl, N., Klein, M., Schroder, W. H., Kuhn, A. J., Horst, W. J. 2000. Localization of aluminium in root tips of Zea mays and Vicia faba (Localização do alumínio nas pontas das raízes de Zea mays e Vicia faba). Journal of Plant Physiology, **156:** 666-671. http://dx.doi.org/10.1016/S0176- 1617(00)80229-1

Markich, S. J., Brown, P. L., Batley, G. E., Apte, S. C., Stauber, J. L. 2001. Incorporating metal speciation and bioavailability into water quality guidelines for protecting aquatic ecosystems. Australasian Journal of Ecotoxicology, **7**: 109-122.

Martin, J. A. R., Arana, C. D., Ramos-Miras, J. J., Gil, C. e Boluda, R. 2015. Impacto de 70 anos de crescimento urbano associado à poluição por metais pesados. Poluição Ambiental, **196**: 156-163. DOI: 10.1016/j.envpol.2014.10.014.

Martin, J. e Meybeck, M. 1979. Balanço de massa elementar do material transportado pelos principais rios do mundo. Marine Chemistry, 7: 178-206. doi:10.1016/0304-4203(79)90039-2

Marathe, R., Marathe, Y., Sawant, C. e Shrivastava, V. 2011. Deteção de metais vestigiais em sedimentos de superfície do rio Tapti: Um estudo de caso. Archives of Applied Science Research, **3**: 472-476.

McCartney, A. G., Harriman, R., Watt, A. W., Moore, D. W., Taylor, E. M., Collen, P., Keay, E. J. 2003. Long-term trends in pH, aluminium and dissolved organic carbon in Scottish fresh waters; implications for brown trout (Salmo trutta) survival. Science of The Total Environment, **310**: 133-141. http://dx.doi.org/10.1016/S0048-9697(02)00629-0

McCluggage, D. 1991. Envenenamento por metais pesados, Revista NCS. The Bird Hospital, CO, EUA. Disponível em www.cockatiels.org/articles/Diseases/metals.html

McGeer, J. C., Szebedinszky, C., McDonald, D. G., Wood, C. M. 2000. Effects of chronic sublethal exposure to waterborne Cu, Cd or Zn in disturbance and metabolic costs. Aquatic Toxicology **50**: 231-243. http://dx.doi.org/10.1016/S0166-445X(99)00105-8

Mercola, 2012. http://articles.mercola.com/sites/articles/archive/2012/09/01/too- much-iron.aspx

Morillo, J., Usero, J., Gracia, I. 2004. Distribuição de metais pesados em sedimentos marinhos da costa sudoeste de Espanha. Chemosphere, **55**: 431-442. http://dx.doi.Org/10.1016/j.chemosphere.2003.10.047

Monteiro, S. M., Mancera, J. M., Fontainhas, F. A., Sousa, M. 2005. Alterações de parâmetros bioquímicos nas brânquias e no plasma de *Oreochromis niloticus* induzidas pelo cobre. Comparative Biochemistry and Physiology Part C: Toxicology&Pharmacology, **141**: 375-383. http://dx.doi.org/10.1016/j.cbpc.2005.08.002

Monette, M. Y., McCormick, S. D. 2008. Impactos da exposição a curto prazo ao ácido e ao alumínio na fisiologia do salmão do Atlântico (*Salmo salar*): uma comparação direta entre juvenis e smolts. Aquatic Toxicology, **86**: 216-226.

D0I:10.1016/j.aquatox.2007.11.002

Moger, W. H. 1983. Efeitos dos bloqueadores dos canais de cálcio cobalto, verapamil e D600 na esteroidogénese das células de Leydig. Biol Reprod. **28**: 528-535.

Mohiuddin, K. M., Ogawa, Y., Zakir, H. M., Otomo, K., Shikazono, N. 2011. Heavy metals contamination in water and sediments of an urban river in a developing country, International Journal of Environmental Science & Technology, **8**: 723-736. D0I: 10.1007/BF03326257.

Momtaz, M. 2002. Geochemical studies of Heavy Metals in the Seawater along Karachi Makran Coast, in Chemistry. Universidade de Karachi: Karachi. p.414.

Mokaddes, M. A. A., Nahar, B. S. e Baten, M. A. 2013. Status das contaminações por metais pesados da água do rio da cidade metropolitana de Dhaka. J. Environ. Sci. Natural Reso. **5:** 349-353.

Mokhtar, M. 2009. Avaliação do nível de metais pesados em Penaeus monodon e Oreochromis Spp. em tanques de aquacultura selecionados da Área de Desenvolvimento de altas densidades. Jornal Europeu de Investigação Científica.

Mossor-Pietraszewska, T., Kwit, M., £egiewicz, M. 1997. A influência dos iões de alumínio nas alterações de atividade de algumas desidrogenases e aminotransferases no tremoço amarelo. Boletim Biológico de Poznan. Suplemento, **34:** 47-48.

Nameer, M., Rabee, A., Abd Own, A. e Al-Fatlawy, Y. 2011. Utilização do Índice de Carga de Poluição (PLI) e do Índice de Geoacumulação (Igeo) para Avaliação da Poluição por Metais Pesados nos Sedimentos do Rio Tigre na Região de Bagdade. Jornal da Universidade de Al-Nahrain - Ciência, **14**: 108-114.

Namminga, H. N., Wilhm, J. 1976. Effects of high discharge and an oil refinery cleanup operation bon heavy metals in water and sediments in Skeleton Creek, Proceedings of the Oklahoma Academy of Science, **56**: 133-138.

NAS-NRC, 1982. National, Drinking Water and Health, Academia de Ciências - Conselho Nacional de Investigação National Academic Press, Washington D.C.

Conselho Nacional de Segurança (NSC), 2009. Lead Poisoning, http://www.nsc.org/news resources/Resources/Documents/Lead Poisoning.pdf.

Nduka, J. K. e Orisakwe, O. E. 2011. Water-quality issues in the Niger Delta of Nigeria: a look at heavy metal levels and some physicochemical properties, Environmental

Science and Pollution Research, **18**: 237-246. doi:10.1007/s11356-010-0366-3

Nguyen, V. T., Burow, M. D., Nguyen, H. T., Le, B. T., Le, T. D., Paterson, A. H. 2001. Mapeamento molecular de genes que conferem tolerância ao alumínio em arroz (*Oryza sativa L.*). Theoretical and Applied Genetics, **102:** 1002-1010. DOI: 10.1007/s001220000472

Nicolau, R., Galera, C. A., Lucas, Y. 2006. Transferência de nutrientes e metais lábeis do continente para o mar por um pequeno rio mediterrânico. Chemosphere, **63:** 469-476. http://dx.doi.Org/10.1016/j.chemosphere.2005.08.025

NNPC e RIP, 1986. Relatórios para o estabelecimento de controlos e normas contra a poluição relacionada com o petróleo na Nigéria N.º RPI/R/84/15-7p111A 100103.

Nobi, E. P, Dilipan, E., Thangaradjou, T., Sivakumar, K. e Kannan, L. 2010. Avaliação geoquímica e geoestatística da concentração de metais pesados nos sedimentos de diferentes ecossistemas costeiros das Ilhas Andaman, Índia. Estuarine, Coastal and Shelf Science, **87**: 253-264. doi:10.1016/j.ecss.2009.12.019.

Nosko, P., Brassard, P., Kramer, J. R., Kershaw, K. A. 1988. O efeito do alumínio na germinação das sementes e no estabelecimento inicial das plântulas, no crescimento e na respiração do abeto branco (Picea glauca). Canadian Journal of Botany, **66:** 2305-2310. DOI: 10.1139/b88-313

Norseth, T. 1981. The carcinogenicity of chromium. Environ Health Perspect. **40**: 121-130. [PubMed: 7023928]

Nouri, J., Lorestani, B., Yousefi, N., Khorasani, N., Hasani, A. H., Seif, S., Cheraghi, M. 2011. Potencial de fitorremediação de plantas nativas cultivadas nas proximidades da mina de chumbo-zinco Ahangaran (Hamedan, Irão). Environ. Earth Sci. **62**: 639-644. DOI: 10.1007/s12665-010-0553-z

Nriagu, J. O. 1989. Uma avaliação global das fontes naturais de metais vestigiais atmosféricos. Nature. **338**: 47-49. doi:10.1038/338047a0

Ozmen, H., Kulahci, F., £ukurovali, A., e Dogru, M. 2004. Concentrações de metais pesados e radioatividade nas águas superficiais e nos sedimentos do lago Hazar (Elazig, Turquia). Chemosphere, **55**: 401-408.

doi:10.1016/j. chemosphere.2003.11.003

Ozturk, M., Ozozen, G., Minareci, O. e Minareci, E. 2008. Determinação de metais pesados em peixes, água e sedimentos do lago da barragem de Demirkopru (Turquia), Journal of Applied Biological Sciences, **2**: 99-104.

Ozturk, M., Ozozen, G., Minareci, O. e Minarecy, E. 2009. Determinação de metais pesados em peixes, água e sedimentos do lago da barragem de Avsar na Turquia. Irão. Jornal de Ciência e Engenharia da Saúde Ambiental. **6**: 73-80.

Pacyna, J. M. 1996. Monitorização e avaliação de contaminantes metálicos no ar. Em: Chang, LW; Magos, L.; Suzuli, T., editores. Toxicology of Metals. Boca Raton, FL: CRC Press; p. 9-28.

Pan, K. e Wang, W. X. 2012. Trace metal contamination in estuarine and coastal environments in China, Science of the Total Environment, **421-422**: 316. doi:10.1016/j.scitotenv.2011.03.013

Pandey, J. e Pandey, U. 2009. Accumulation of heavy metals in dietary vegetables and cultivated soil horizon in organic farming system in relation to atmospheric deposition in a seasonally dry tropical region of India. Environmental Monitoring and Assessment, **148**: 61-74. doi: 10.1007/s10661- 007-0139-8

Paschal, D. C., Burt, V., Caudill, S. P., Gunter, E. W., Pirkle, J. L., Sampson, E. J. 2000. Exposure of the U.S. population aged 6 years and older to cadmium: 1988-1994. Arch Environ Contam Toxicol. **38**: 377-383. DOI: 10.1007/s002449910050

Patra, R. W. R. e Azadi, M. A. 1985. Limnology of the Halda river. J. NOAMI, **2**: 31-38.

Patel, E., Lynch, Ch., Ruff, V., Reynolds, M. 2012. A coexposição ao cloreto de níquel e cobalto aumenta a citotoxicidade e o stress oxidativo nas células epiteliais do pulmão humano. Toxicology and Applied Pharmacology, **258**: 367-375. http://dx.doi.org/10.1016Zj.taap.2011.11.019

Papagiannis, I., Kagaloub, I. e Leonardos, J. 2004. Copper and zinc in four freshwater fish species from Lake Pamvotis (Greece), Environment International, **30**: 357- 62. doi:10.1016/j.envint.2003.08.002.

Pekey, H. 2006. Heavy metal pollution assessment in sediments of the Izmit bay, Turkey, Environmental Monitoring and Assessment, **123**: 219-231. DOI: 10.1007/s10661-006-

9192-y

Permenter, M. G., Dennis, W. E., Sutto, T. E., Jackson, D. A., Lewis, J. A. 2013. A exposição ao cobalto causa alterações transcriptômicas e proteômicas em duas linhas de células derivadas de fígado de rato. PLoS One. **8**: e83751. DOI: 10.1371/journal.pone.0083751

Peterson, A., Jefferies, D. F., Dutton, J. W. R., Harvey, B. R. e Steele, A. K. 1972. British Isles coastal waters: the concentration of selected heavy metals in seawater, suspended matter and biological indicators; a pilot survey, Environmental Pollution (1970), **3**: 69-82. doi:10.1016/0013-9327(72)90018-3.

Playle, R. C., Wood, C. M. 1989. pH da água e química do alumínio no microambiente branquial da truta arco-íris durante a exposição ao ácido e ao alumínio. Journal of Comparative Physiology B, **159**: 539-550. DOI: 10.1007/BF00694378

Pote, J., Haller, L., Loizeau, J. L., Bravo, A. G., Sastre, V., e Wildi, W. 2008. Efeitos da extensão do tubo de saída de uma estação de tratamento de esgotos na distribuição de contaminantes nos sedimentos da Baía de Vidy, Lago Genebra, Suíça, Bioresource Technology, **99**: 7122-7131. doi:10.1016/j.biortech.2007.12.075

Poleo, A. B. S. 1995. Aluminium polymerization - a mechanism of acute toxicity of aqueous aluminium to fish, Aquatic Toxicology, **31**: 347-356. doi:10.1016/0166-445X(94)00083-3

Praveena, S. M., Radojevic, M., Abdullah, M. H., Aris, A. Z. 2008. Aplicação das diretrizes de qualidade dos sedimentos na avaliação dos sedimentos de superfície dos mangais na lagoa de Mengkabong, Sabah, Malásia, Journal of Environmental Health Science & Engineering, **5**: 35-42.

Quddus, M. M. A., Sarker, M. N. Banerjee, A. K. 1988. Studies of the Chondrichthyes Fauna (Sharks, Skates and Rays) of the Bay of Bengal, The Journal of NOAMI. **5**: 19-39.

Quddus, M. M. A. e Shafi, M. 1983. Bangapa sagarer Matsya Sampad (The Fisheries Resources of the Bay of Bengal), Kabir Publications, 38/3, Bangla Bazar, Dhaka,

Bangladesh. 535 p.

Rabee, A., Al-Fatlawy, Y. e Abd Own, A. 2009. Variação sazonal e avaliação da poluição por metais pesados em sedimentos de estações selecionadas nos rios Tigre e Eufrates, no Iraque Central. Iraqi Journal of Science, **50**: 466475.

Rahman, S., Khan, M. T. R., Akib, S e Biswas, S. K. 2012. Investigação da poluição por metais pesados na água do rio periférico em torno da cidade de Dhaka, Pensee Journal, **75**: 421-433.

Rahman, M. M., Asaduzzaman, M. e Naidu, R. 2013. Consumo de arsénico e outros elementos de vegetais e água potável de uma área contaminada com arsénico do Bangladesh, Journal of Hazardous Materials, **262**: 1056-63. doi:10.1016/j.jhazmat.2012.06.045

Rahman, M. S., Saha, N. e Molla, A. H. 2014. Avaliação do risco ecológico potencial de contaminação por metais pesados em sedimentos e corpos d'água ao redor da zona de processamento de exportação de Dhaka, Bangladesh. Environ. Earth Sci., **71**: 22932308. DOI: 10.1007/s12665-013-2631-5

Rahman, M. M., Hossain, M. Y., Ahamed, F., Subba, B. R. F., Abdallah, E. M. e Ohtomi, J. 2012. Biodiversity in the Padma Distributary of the Ganges River, Northwestern Bangladesh: Recommendations for Conservation, World Journal of Zoology, **7**: 328-337. DOI: 10.5829/idosi.wjz.2012.7.4.6634

Rahman, A. K. A., Kabir, S. M. H., Ahmad, M., Ahmed, A. T. A., Ahmed, Z. U., Begum, Z. N. T., Hassan, M. A. e Khondker, M. 2009. Encyclopedia of Flora and Fauna of Bangladesh, Marine Fishes, Asiatic Society of Bangladesh, **24**: 2-57.

Raju, K. V., Somashekar, R. e Prakash, K. 2012. Estado dos metais pesados nos sedimentos do rio Cauvery, Karnataka. Monitorização e Avaliação Ambiental, **184**: 361-373. doi:10.1007/s10661-011-1973-2

Rajeswari, T. R., Sailaja, N. 2014. Impacto dos Metais Pesados na Poluição Ambiental, Seminário Nacional sobre o Impacto dos Metais Tóxicos, Minerais e Solventes que levam à Poluição Ambiental-2014. Jornal de Ciências Químicas e Farmacêuticas, 175-181. (Edição especial)

Rao, I. M., Szxyarayana, D. e Reddy, B. R. P. 1985. Chemical oceanography of harbour and coastal environment of Visakhapatnam (Bay of Bengal): Part 1- Trace metals in water and Particulate matter, Indian Journal Marine Science, **14:** 139-146.

Rashid, H., Hasan, M. N., Tanu, M. B., Parveen, R., Sukhan, Z. P., Rahman, M. S e Mahmud, Y. 2012. Poluição por metais pesados e perfil químico do rio Khiru, Bangladesh, International Journal of Environment, **2**: 57-63.

Rashed, M. N. 2001. Monitorização de metais pesados ambientais em peixes do lago Nasser. Ambiente Internacional, **27**: 27-33. http://dx.doi.org/10.1016/S0160-4120(01)00050-2

Rainbow, P. S., Amiard-Triquet, C., Amiard, J. C., Smith, B. D., Langston, W. J. 2000. Observations on the interaction of zinc and cadmium uptake rates in crustaceans (amphipods and crabs) from coastal sites in UK and France differentially enriched with trace metals, Aquatic Toxicology, **50**: 189-204. doi:10.1016/S0166-445X(99)00103-4

Reitz, B., Heydorn, K. e Pritzl, G. 1996. Determination of aluminium in fish tissues bymeans of INAA and ICP-MS, Journal of Radioanalytical and Nuclear Chemistry, **216**: 113-116. DOI: 10.1007/BF02034505

Reynolds, E. 2006. Vitamina B12, ácido fólico e o sistema nervoso. Lancet Neurol, **5**: 949-60. DOI:10.1016/S1474-4422(06)70598-1

Rezayi, M., Ahmadzadeh, S., Kassim, A. e Heng, L. Y. 2011. Estudos termodinâmicos da formação de complexos entre o ionóforo Co (SALEN) com iões cromato (II) em soluções binárias AN-H2O pelo método condutométrico, revista internacional de ciência eletroquímica, **6**: 6350-6359.

Richard, R. B. 2005. Sistemas de construção industrializados: Reproduction before automation and robotics, Automation in Construction, **14**: 442-451. http://dx.doi.org/10.1016/j.autcon.2004.09.009

Rojahn, T. 1972. Determinação de cobre, chumbo, cádmio e zinco em águas estuarinas por votametria de corrente alternada anódica no elétrodo de gota de mercúrio suspenso, Analytica Chimica Ata, **62**: 438-441. http://dx.doi.org/10.1016/0003-2670(72)80054-0

Roy, B. J, Dey, M. P, Alam, M. F. e Singha, N. K. 2007. Present status of shark fishing in the Marine water of Bangladesh, apresentado na 1ª reunião da Convenção sobre a

Conservação das Espécies Migratórias (CMS) nas Seychelles. dezembro de 2007. Ligação: www.UNEP/CMS/ MS/Inf/10.4p.

Sabo, A, Gani, A. M, Ibrahim, A. Q. 2013. Estado de poluição de metais pesados na água e no sedimento de fundo do rio Delimi em Jos, Nigéria. Jornal Americano de Proteção Ambiental, **1**: 47-53. DOI:10.12691/env-1-3-1

Samad, M. A., Mahmud, Y., Adhikary, R. K., Rahman, S. B. M., Haq, M. S e Rashid, H. 2015. Perfil químico e concentração de metais pesados na água e espécies de água doce do rio Rupsha, Bangladesh. American Journal of Environmental_Protection, **3**: 180-186. doi: 10.12691/env-3-6-1.

Sanei, H., Goodarzi, F., Flier-Keller, E. V. 2001. Variação histórica de elementos em relação a diferentes fracções geoquímicas em sedimentos recentes de Pigeon Lake, Alberta, Canadá. J Environ Monit. 3:27-36. [PubMed: 11253015]

Sanchez-Chardi, A., Lopez-Fuster, M. J., Nadal, J. 2007. Bioacumulação de chumbo, mercúrio e cádmio no peixe-branco-grande.
Crocidurarussula, do Delta do Ebro (Espanha): Sex andage- dependent, Environmental Pollution, **145**: 7-14.
http://dx.doi.org/10.1016/j.envpol.2006.02.033

Sankar, T. V., Zynudheen, A. A. e Anandan, R. 2006. Distribution of organochlorine pesticides and heavy metal residues in fish and shellfish from Calicut region, Kerala, India, Chemosphere, **65**: 583-90.
http://dx.doi.Org/10.1016/j.chemosphere.2006.02.038

Saha, B. K., Hossain, M. A. 2002. Saldu Beel fishery of Tangail, Bangladesh Journal of Zoology, **30:** 187-194.

Saha, P. e Hossain, M. 2010. Avaliação da concentração de metais pesados e da qualidade dos sedimentos no rio Buriganga, Bangladesh. Actas Internacionais de Engenharia Química, Biológica e Ambiental, Cidade de Singapura, 26-28 pp.

Saha, P. K. e Hossain, M. D. 2011. Avaliação da contaminação por metais pesados e da qualidade dos sedimentos no rio Buriganga, Bangladesh. Actas da 2ª Conferência Internacional sobre Ciência e Tecnologia Ambiental, (EST' 11), IACSIT Press,

Singapura, pp: 384-388.

Santamaria, A. B. 2008. Exposição ao manganês, essencialidade e toxicidade. Indian J Med Res. **128**: 484-500.

Sarkar, B. A. 2005. Mercury in the environment: Effects on health and reproduction. Rev Environ Health. **20**: 39-56. [PubMed: 15835497]

Schwartz, L. P. S. 1945. Dermatite alérgica devida a cobalto metálico. Journal of Allergy, **16**: 51-53. http://dx.doi.org/10.1016/0021-8707(45)90040-2

Schoeters, G., Hond, E., Zuurbier, M., Naginiene, R., Hazael, P., Stilianakis, N., Ronchetti, R.e Koppe, J. 2006. Cádmio e crianças: exposição e efeitos na saúde. Ata Paediatr Suppl., **95**: 50-54.
DOI: 10.1080/08035320600886232

Scragg, A. 2006. Environmental Biotechnology, Oxford University Press, Oxford, Reino Unido, 2ª edição.

Sekabira, K., OryemOriga, H., Basamba, T. A., Mutumba, G., Kakudidi, E. 2010. Avaliação da poluição por metais pesados nos sedimentos de riachos urbanos e seus, International Journal of Environmental Science & Technology, **7**: 435-446. DOI: 10.1007/BF03326153

Shallari, S., Schwartz, C., Hasko, A., Morel, J. L. 1998. Heavy metals in soils and plants of serpentine and industrial sites of Albania. Science of The Total Environment, **209**: 133-142. http://dx.doi.org/10.1016/S0048-9697(98)80104- 6 [PubMed: 9514035]

Sharma, R. K., Agrawal, M. e Marshall, F. M. 2007. Heavy metals contamination of soil and vegetables in suburban areas of Varanasi, India, Ecotoxicology and Environmental Safety, **66**: 258-66.
doi:10.1016/j.ecoenv.2005.11.007

Shanbehzadeh, S., Dastjerdi, M. V., Hassanzadeh, A., Kiyanizadeh, T. 2014. Metais pesados em água e sedimentos: Um estudo de caso do rio Tembi. J Environ. Public Healt. **2014**: 1-5. http://dx.doi.org/10.1155/2014/858720

Shah, S. L. 2002. Behavioural Abnormalities of *Cyprinion watsoni* on Exposure to Copper and Zinc (Anomalias comportamentais do *Cyprinion watsoni* na exposição ao cobre e ao zinco). Turk. J. Zool. **26**: 137-140.

Shariff, M., Jayawardena, P. A. H. L., Yusoff, F. M., Subasinghe, R. 2001. Parâmetros imunológicos da carpa javanesa *Puntius gonionotus* (Bleeker) exposta ao cobre e desafiada com *Aeromonas hydrophila.* Fish Shellfish Immunol. **11**: 281-291. DQI:10.1006/fsim.2000.0309

Shuhaimi-Othman, M. e Pascoe, D. 2007. Bioconcentração e depuração de misturas de cobre, cádmio e zinco pelo anfípode de água doce Hyalellaazteca, Ecotoxicologia e Segurança Ambiental, **66**: 29-35.doi:10.1016/j.ecoenv.2006.03.003

Siddique, M. A. M e Akter, M. 2012. Concentração de metais pesados na água dos poros do pântano salgado ao longo da costa do rio Karnafully, Bangladesh, Journal of Environmental Science and Technology, **5**: 241-248. DOI: 10.3923/jest.2012.241.248.

Sikder, M. N. A., Huq, S. M. S., Mamun, M. A. A., Hoque, K. M., Bhuyan, M. S e Abu Bakar, M. A. 2016. Avaliação dos parâmetros físico-químicos com os seus efeitos nos seres humanos e nos animais aquáticos, dando especial preferência à gestão eficaz do rio Turag, IOSR Journal of Environmental Science, Toxicology and Food Technology, **10**: 41-51.

Sikder, M. T., Kihara, Y., Yasuda, M., Yustiawati e Mihara, Y. 2013. Poluição da água do rio em países desenvolvidos e em desenvolvimento: Julgamento e avaliação das caraterísticas físico-químicas e concentração de metais dissolvidos selecionados. Clean Soil Air Water, **41**: 60-68. DOI:10.1002/clen.201100320.

Singhal, R. L., Merali, Z., Hrdina, P. D. 1976. Aspectos da toxicologia bioquímica do cádmio. Fed Proc. **35**: 75-80.

Singh, K. P., Malik, A., Sinha, S., Singh, V. K. e Murthy, R. C. 2005. Estimativa da fonte de contaminação por metais pesados nos sedimentos do rio Gomti (Índia) utilizando a análise de componentes principais. Water Air Soil Pollut. **166**: 321341. DOI: 10.1007/s11270-005-5268-5

Sivaperumal, P., Sankar, T., Viswanathan Nair, P. 2007. Concentrações de metais pesados em peixes, crustáceos e produtos da pesca provenientes dos mercados internos da Índia em relação às normas internacionais. Food Chemistry, **102**: 612-620. http://dx.doi.Org/10.1016/j.foodchem.2006.05.041

Smith, L. J., Holmes, A. L., Kandpal, S. K. 2014. A citotoxicidade e genotoxicidade do cobalto solúvel e particulado em células de fibroblastos de pulmão humano. Toxicologia e Farmacologia Aplicada, **278**: 259-265. http://dx.doi.org/10.1016/j.taap.2014.05.002

Stohs, S. J., Bagchi, D. 1995. Mecanismo oxidativo na toxicidade dos iões metálicos. Free Radical Biology and Medicine, **18**: 321-336. http://dx.doi.org/10.1016/0891-5849(94)00159-H

Stouthart, X. X., Hans, J. M., Lock, R. C., Wendelaar, S. E. 1996. Efeitos do pH da água na toxicidade do cobre nas primeiras fases de vida da carpa comum (*Cyprinus carpio*). Environmental Toxicology and Chemistry, **15**: 376-383. DOI: 10.1002/etc.5620150323

Strater, E., Westbeld, A., Klemm, O. 2010. Poluição no nevoeiro costeiro em Alto Patache, Norte do Chile. Environ Sci Pollut Res Int. **17**: 1563-73. DOI: 10.1007/s11356-010-0343-x [PMID:20526862].

Sultan, K., Shazili, N.A. 2009. Distribuição e bases geoquímicas de elementos maiores, menores e vestigiais em solos tropicais da bacia do rio Terengganu, Malásia, Journal of Geochemical Exploration, **103**: 57-68. doi:10.1016/j.gexplo.2009.07.001

Sultana, S. M., Kulsum, U., Shakila, A e Islam, M. S. 2012. Toxic Metal Contamination on the River near Industrial Area of Dhaka, Disponível Online em: www.environmentaljournal.org. **2**: 56-64.

Sun, T.H., Zhou, Q.X. e Li, P. J. 2001. Pollution Ecology. Science Press, Pequim, China, pp.160-194.

Tarra-Wahlberg, N. H., Flachierm A., Lane, S. N. e Sangfors, O. 2001. Environmental impacts and metal exposure of aquatic ecosystems in rivers contaminated by small scale gold mining: The Puyango River Basin, Sourthen Ecuador, Science of The Total Environment, **278**: 239-261. http://dx.doi.org/10.1016/S0048-9697(01)00655-6

Tankere, S. P. C., Muller, F. L. L., Burton, J. D., Statham, P. J., Guieu, C. e Martin, J. M. 2001. Trace metal distributions in shelf waters of the northwestern Black Sea, Continental Shelf Research, **21**: 1501-1532. http://dx.doi.org/10.1016/S0278-

4343(01)00013-9

Teien, H. Ch., Garmo, O. A., Atland, A., Salbu, B. 2008. Transformação de espécies de ferro em zonas de mistura e acumulação nas brânquias dos peixes. Environ Sci Technol, **42**: 1780-1786.

Thanoon, W. A., WahPeng, L., Abdul Kadir M. R., Jaafar, M. S., e Salit, M. S. 2003. The essential characteristics of industrialised building system, Proc. of International Conference on Industrialized Building Systems, Kualalumpur, Malaysia, pp.283-292.

Thornton, F. C., Schaedle, M., Raynal, D. L. 1986. Efeito do alumínio no crescimento do bordo de açúcar em cultura de solução. Can. J. For. Res. **16:** 892-896.

Topcuoglu, S., Olmez, E., Kirbasoglu, C., Yilmaz, Y.Z. e Saygin, N. 2004. Heavy metal and radioactivity in biota and sediment samples collected from Unye in the eastern Black Sea. Actas 37th CIESM (Commission Internationale pour l'ExplorationScientifique de la MerMediterrane'e Congress. Barcelona, Espanha, 250p.

Tsai, C. F., Islam, M. N., Karim, R., Rahman, K. U. M. S. 1981. Desova das principais carpas no baixo rio Halda, Bangladesh. Estuaries, **4**: 127-138. DOI: 10.2307/1351675

Tuzen, M. 2009. Conteúdo tóxico e essencial de oligoelementos em espécies de peixes do Mar Negro, Turquia. Food and Chemical Toxicology, **47**: 1785-90. http://dx.doi.org/10.1016/j.fct.2009.04.029

USEPA, 1999. Agência de Proteção Ambiental dos EUA: Screening Level Ecological Risk Assessment Protocol for Hazardous Waste Combustion facilities. Apêndice E: Valores de Referência de Toxicidade, Vol. 3.

USFDA, 1993. United States Food and drug administration, Guidance document for chromium in shellfish. DHHS/PHS/FDA/CFSAN/Gabinete do marisco, Washington D.C.

van Anholt, D. R., Spanings, F. A. T., Knol, A. H., van der Velden, J. A., Wendelaar Bonga, S. E. 2002. Efeitos da dosagem de sulfato de ferro na pulga d'água (Daphnia magna Straus) e no desenvolvimento inicial da carpa (*Cyprinus carpio* L.). Archives of Environmental Contamination and Toxicology, **42**: 182-192. DOI: 10.1007/s00244-001-0001-X

Varela-Moreiras, G., Murphy, M. M., Scott, J. M. 2009. Cobalamin, folic acid, and homocysteine. Nutr Rev. **67**: S69-72. DOI:10.1111/j.1753-4887.2009.00163.x

Velisek, J., Svobodova, Z., Blahova, J., Machova, J., Stara, A., Dobsikova, R., Siroka, Z., Modra, H., Valentova, O., Randak, T., Stepanova, S., Marsalek, P., Kocour Kroupova, H., Grabic, R., Zuskova, E., Bartoskova, M., Stancova, V. 2014. Toxicologia aquática para pescadores (em checo). 1ª ed. Universidade da Boémia do Sul em Ceske Budejovice, Instituto de Investigação de Piscicultura e Hidrobiologia, Vodnany. 350 pp.

Venugopal, T., Giridharan, L. e Jayaprakash, M. 2009. Characterization and Risk Assessment Studies of Bed Sediments of River Adyar-An Application of Speciation Study, International Journal of Environmental Research, **3**: 581598.

Vieira, C., Morais, S. e Ramos, S. 2011. Níveis de mercúrio, cádmio, chumbo e arsénico em três espécies de peixes pelágicos do Oceano Atlântico: Variabilidade intra e interespecífica e riscos para a saúde humana no consumo, Food and Chemical Toxicology, **49**: 923-32. doi:10.1016/j.fct.2010.12.016

Waalkes, M. P., Berthan, G. 1995. Handbook on Metal-Ligand Interactions of Biological Fluids. Vol. 2. Nova Iorque: Marcel Dekker; p. 471-482.

Waalkes, M. P., Misra, R. R., Chang, L. W. 1996. Toxicology of Metals. Boca Raton, FL: CRC Press; p. 231-244.

Waalkes, M. P., Rehm, S. 1992. Carcinogenicidade do cádmio oral no rato Wistar macho (WF/NCr): efeito da deficiência crónica de zinco na dieta. Fundam Appl Toxicol. **19**: 512-20. [PubMed: 1426709]

Wang, X. F., Xing, M. L., Shen, Y., Zhu, X., Xu, L. H. 2006. A administração oral de Cr (VI) induziu stress oxidativo, danos no ADN e morte celular apoptótica em ratos. Toxicologia. **228**: 16-23. http://dx.doi.org/10.1016/j.tox.2006.08.005 [PubMed: 16979809]

Wang, Q., Kim, D., Dionysiou, D. D., Sorial, G. A. e Timberlake, D. 2004. Sources and remediation for mercury contamination in aquatic systems- a literature review, Environmental Pollution, **131**: 323-336. http://dx.doi.org/10.1016/j.envpol.2004.01.010

Wasserman, G. A., Liu, X., Parvez, F., Ahsan, H., Levy, D., Fator-Litvak, P., Kline, J., van

Geen, A., Slavkovich, V., LoIacono, N. J., Cheng, Z., Zheng, Y., Graziano, J. H. **2006.** Exposição ao manganês na água e função intelectual das crianças em Araihazar, Bangladesh. Environ Health Perspect. **114**: 124-129.

Weng, L., Temminghoff, E. J. M. e Van Riemsdijk, W. 2002. Aluminium speciation innatural waters: measurement using Donnan membrane technique and modellingusing NICA-Donnan, Water Research, **36**: 4215-4226. http://dx.doi.org/10.1016/S0043-1354(02)00166-5

OMS (Organização Mundial de Saúde), 1972. Avaliação de certos aditivos alimentares e dos contaminantes mercúrio, chumbo e cádmio. 16º Relatório do Comité Misto FAO/OMS de Peritos em Aditivos Alimentares. Relatório Técnico Série 505, Genebra.

OMS (Organização Mundial de Saúde), 1987. Avaliação de certos aditivos e contaminantes alimentares. 33º Relatório do Comité Misto FAO/OMS de Peritos em Aditivos Alimentares. WHO Technical Report Series 776, Genebra, 80 pp.

OMS (Organização Mundial de Saúde), 1993. Normas da OMS para a água potável, Diretrizes da OMS para a qualidade da água potável, estabelecidas em Genebra.

OMS (Organização Mundial de Saúde), 1995. Chumbo. Genebra: Environmental Health Criteria, Genebra, Suíça.

OMS (Organização Mundial de Saúde), 2004. Diretrizes para a qualidade da água potável, 3ª edição, Organização Mundial de Saúde, 2004, p. 515.

Williams, M., G. Daniel Todd, G. D., Roney, N., Crawford, J., Coles, C., ATSDR., McClure, P. R., Garey, J. D., Zaccaria, K., Citra, M. 2012. Perfil Toxicológico para o Manganês. Departamento de Saúde e Serviços Humanos dos EUA.

Wilson, B. e Pyatt, F. B. 2007. Persistência da dispersão de metais pesados e bioacumulação em torno de uma antiga mina de cobre situada em Anglesey, Reino Unido. Ecotoxicologia e Segurança Ambiental, **66**: 224-231. doi:10.1016/j.ecoenv.2006.02.015

Wood, R. J., Ronnenberg, A. 2005. Ferro. In: Shils ME, Shike M, Ross AC, Caballero B, Cousins RJ, editores. Modern Nutrition in Health and Disease. 10ª ed. Baltimore: Lippincott Williams & Wilkins; pp. 248-70.

Worms, I., Simon, D. F., Hassler, C. S., Wilkinson, K. J. 2006. Bioavailability of trace metals to aquatic organisms: importance of chemical, biological and physical processes

on bio uptake. Biochimie. **88**: 1721-1731.
DOI: 10.1016/j.biochi.2006.09.008

Wuana, R. A., Okieimen, F. E. 2011. Metais Pesados em Solos Contaminados: A Review of Sources, Chemistry, Risks and Best Available Strategies for Remediation. ISRN Ecology, **2011**: 1-20.
http://dx.doi.org/10.5402/2011/402647

Yamatani, K., Saito, K., Ikezawa, Y., Ohnuma, H., Sugiyama, K., Manaka, H., Takahashi, K., Sasaki, H. 1998. Contribuição relativa do mecanismo dependente de Ca2+ na produção de glucose do fígado induzida pelo glucagon. Archives of Biochemistry and Biophysics, **355**: 175-180.
http://dx.doi.org/10.1006/abbi.1998.0710

Yi, Y., Yang, Z. e Zhang, S. 2011. Avaliação do risco ecológico de metais pesados em sedimentos e avaliação do risco para a saúde humana de metais pesados em peixes no curso médio e inferior da bacia do rio Yangtze, Environmental Pollution, **159**: 2575-2585.
doi:10.1016/j.envpol.2011.06.011

Yilmaz, F. 2009. Comparação das concentrações de metais pesados (Cd, Cu, Mn, Pb e Zn) nos tecidos de três peixes economicamente importantes (*Anguilla anguilla, Mugil cephalus e Oreochromis niloticus*) que habitam o lago K ycegiz - Mugla (Turquia). Turkish Journal of Science & Technology, **4**: 7-15.

Yucesoy, F. e Ergin, M. 1992. Heavy metal geochemistry of surface sediments from the southern Black Sea shelf and upper slope, Chemical Geology, **99**: 265-287.
doi:10.1016/0009-2541 (92)90181-4

Zahir, A., Rizwi, S. J., Haq, S. K., Khan, R. H. 2005. Low dose mercury toxicity and human health. Environmental Toxicology and Pharmacology, **20**: 351360.
http://dx.doi.org/10.1016Zj.etap.2005.03.007 [PubMed: 21783611]

Zakir, H. M., Moshfiqur, R. M., Rahman, A., Ahmed, I e Hossain, M. A. 2012. Metais Pesados e Avaliação da Poluição Iónica Maior em Águas de Midstream do Rio Karatoa no Bangladesh, Journal of Environmental Science andNatural Resources, **5**: 149 - 160. DOI:
http://dx.doi.org/10.3329/jesnr.v5i2.14806.

Zlotkin, S. H., Atkinson, S., Lockitch, G. 1995. Trace elements in nutrition for premature infants. Clin Perinatol. **22**: 223-40.

Zhang, G., Liu, D., He, P. 1995. Efeitos do manganês nas capacidades de aprendizagem de crianças em idade escolar. Zhonghua Yu Fang Yi Xue Za Zhi. **29**: 156-158.

Zhang, M. K., Liu, Z. Y., Wang, H. 2010. Utilização de métodos de extração simples para prever a biodisponibilidade de metais pesados em solos poluídos para o arroz. Communications in Soil Science and Plant Analysis , **41**: 820-831. http://dx.doi.org/10.1080/00103621003592341

Zhang, C., Qiao, Q., Piper, J. D. A. e Huang, B. 2011. Avaliação da poluição por metais pesados de uma fábrica de fundição de Fe em sedimentos de rios urbanos utilizando métodos magnéticos e geoquímicos ambientais, Environmental Pollution, **159**: 3057-3070. doi:10.1016/j.envpol.2011.04.006

Zhou, Q. X., Kong, F. X. e Zhu, L. 2004. Ecotoxicologia: Principles and Methods. Science Press, Pequim, pp.161-217.

Zhou, Q. X. 1995. Ecology of Combined Pollution (Ecologia da Poluição Combinada). China Environmental Science Press, Pequim, pp.1-29.

Printed by Books on Demand GmbH, Norderstedt / Germany